“十二五”国家重点图书
市政与环境工程系列丛书

生态修复理论与技术

（第2版）

刘冬梅　高大文　编著

哈爾濱工業大學出版社

内容简介

地球上的生态破坏和环境污染现象时有发生,如何进行有效的生态修复是亟待解决的世界性问题。本书针对这一问题进行了全面介绍和探讨,内容主要包括当前生态环境破坏和污染现状、生态修复原理和方法、水域生态系统的修复与实践、湿地生态系统以及海洋和海岸带生态系统的修复、土壤污染的特点和生态危害、重金属污染土壤和有机物污染土壤的修复等的介绍和阐述。

本书分析了当今不同生态系统的环境问题的现状、成因和解决的原理及方法,并给出了大量的实际工程案例,可以作为环境科学、环境工程和市政工程等学科本科生、研究生的专业教材和参考书,也可作为与环境相关工作人员的理论基础参考书、指导书。

图书在版编目(CIP)数据

生态修复理论与技术/刘冬梅,高大文编著.—2版.—哈尔滨:哈尔滨工业大学出版社,2020.1(2024.8 重印)

ISBN 978-7-5603-8623-2

Ⅰ.①生… Ⅱ.①刘… ②高… Ⅲ.①生态恢复 Ⅳ.①X171.4

中国版本图书馆 CIP 数据核字(2020)第 003286 号

策划编辑 贾学斌
责任编辑 佟雨繁
出版发行 哈尔滨工业大学出版社
社　　址 哈尔滨市南岗区复华四道街 10 号　邮编 150006
传　　真 0451-86414749
网　　址 http://hitpress.hit.edu.cn
印　　刷 哈尔滨市颉升高印刷有限公司
开　　本 787 mm×1 092 mm　1/16　印张 9.25　字数 220 千字
版　　次 2017 年 5 月第 1 版　2020 年 1 月第 2 版
　　　　 2024 年 8 月第 5 次印刷
书　　号 ISBN 978-7-5603-8623-2
定　　价 38.00 元

再版前言

随着科技进步和社会生产力的极大提高，人口剧增、资源过度消耗、环境污染、生态破坏等问题日益突出，已受到世界各国普遍关注，我国的生态环境问题也相当严峻。

生态和谐是落实科学发展观、实现可持续发展的基石。我们必须站在构建和谐社会的高度去考虑生态建设、生态恢复、环境保护问题。生态修复应根据生态文明建设的理念和要求来确定其行事准则。《生态文明体制改革总体方案》中明确指出："以建设美丽中国为目标，以正确处理人与自然关系为核心，以解决生态环境领域突出问题为导向，保障国家生态安全，改善环境质量，提高资源利用效率，推动形成人与自然和谐发展的现代化建设新格局。"同时，要树立六大理念，即树立尊重自然、顺应自然、保护自然的理念；树立发展和保护相统一的理念；树立绿水青山就是金山银山的理念；树立自然价值和自然资本的理念；树立空间均衡的理念；树立山水林田湖草是一个生命共同体的理念。

针对现实需求，再版编写本生态修复理论与技术图书，对指导相关专业工作者，具有很重要的参考价值。

本书共分为7章，针对不同污染类型给出适合的修复理论与技术手段，力求语言简明扼要，理论深入浅出。本书内容包括第1章绪论，第2章水域生态系统的修复，第3章湿地生态修复，第4章海洋和海岸带生态系统的修复，第5章土壤污染生态学，第6章重金属污染土壤修复的理论与技术和第7章有机物污染土壤修复的理论与技术。撰写过程中为体现方法的可行性，选入了经典的实际工程案例。

本书由刘冬梅主持撰稿，第1~4章由刘冬梅编写，第5~7章由高大文编写，最后全书由刘冬梅统稿。本书还参考和引用了大量国内外近年发表的文献，主要参考文献列于书后。

由于作者水平和能力有限，书中疏漏和不妥之处在所难免，敬请广大同行专家和读者批评指正。

刘冬梅　高大文

2020年1月

前　言

近年来，随着工业脚步的逐渐加快和城市化进程的不断推进，环境污染问题已成为全球性问题，引起了各界的强烈关注，因而对受污染的环境进行治理、修复和再生显得尤为重要。对于污染环境的治理问题，除传统的物理和化学方法以及逐渐成熟的生物方法外，人们也在极力探索解决问题的新方法和途径，并试图让环境保护与发展二者相协调，由此，恢复生态学和污染生态学应运而生。利用恢复生态学和污染生态学的原理和方法来解决环境问题备受瞩目，相关报道不断出现。针对这些现实状况，作者编写了本书，对指导相关专业工作者具有很重要的意义。

本书分为7章，将目前存在的生态环境问题进行了细致分类，并针对不同污染类型给出更加贴切的修复理论和手段，力求语言简明扼要，理论深入浅出。第1章绪论，介绍生态修复的定义、基本原理以及主要方法。第2章水域生态系统的修复与实践，主要介绍河流、湖泊、小流域和地下水等水域的修复原理和方法。第3章湿地生态修复，内容涵盖湿地生态系统的结构和功能介绍，以及湿地修复的过程与方法。第4章海洋和海岸带生态系统的修复，主要包括珊瑚礁生态系统、红树林生态系统、海滩生态系统和海岸沙丘生态系统的修复。第5章土壤污染生态学，由土壤与土壤污染、土壤污染发生及其动力学、土壤污染的生态危害3个部分组成。第6章重金属污染土壤修复的理论与技术，介绍土壤重金属污染、修复方法分类、修复的理论基础和修复技术等。第7章有机物污染土壤修复的理论与技术，涵盖土壤的有机物污染，以及有机物污染土壤的原位修复和异位修复。本书编写过程中为体现方法的可行性，选入了大量经典的实际工程案例。

本书由刘冬梅主持撰稿，第1~4章由刘冬梅撰写，第5~7章由高大文撰写，最后全书由刘冬梅统稿。本书还参考和引用了大量国内外近年发表的文献和期刊，主要文献列于书后。

由于作者水平和能力有限，书中错误和不当之处在所难免，敬请广大同行、专家和读者批评指正。

刘冬梅　高大文

2017年1月

目　录

第1章 绪 论

随着人口数量的剧增和工业化脚步的加快,人类过度开发利用不可再生资源,大面积植被因此遭受到不同程度的破坏,许多类型的生态系统也出现严重退化,继而引发了一系列的生态环境问题,如森林面积锐减,土地荒漠化,水土流失,空气污染加重,生物多样性降低,可利用水资源短缺等。这些日益加重的环境问题对人类的生存环境以及经济社会的可持续发展构成了严重的威胁。

1.1 生态修复的定义与特点

1.1.1 生态修复的定义

生态修复(Ecological Rehabilitation)是指利用生态工程学或生态平衡、物质循环的原理和技术方法或手段,对受污染或受破坏、受胁迫环境下的生物(包括生物群体,下同)生存和发展状态的改善、改良,或修复、重现。其中包含对生物生存物理、化学环境的改善和对生物生存"邻里"、食物链环境的改善等。

生态修复是以生态学原理为依据,利用特异性生物自身对污染物的代谢过程,同时借助物理、化学修复以及工程技术中某些强化或条件优化后的措施,使被污染环境得以修复。生态修复强调了当今社会中人类主体的能动性。因为在现代社会和当今生产力水平条件下,在有人类生产生活的生态系统中,只有以先进生产力为基础,充分发挥人的科学干预手段,才能尽快地实现被破坏生态系统的优化修复进程,并使之最大限度地服务于整个人类社会。

生态修复的出发点和立足点是整个生态系统,是对生态系统的结构与功能进行整体上的修复和改善,这样的一种宏观理念与思路,要求人们的思想观念、生产生活方式都要做变革,要更多地遵循自然规律,调整产业结构,提高环境人口容量,实现人与自然的和谐发展。

近年来有部分学者认为生态修复的概念应囊括生态修复、重建和改建,其内涵大体上可以理解为通过外界的物理、化学作用使受损(挖掘、占压、污染、全球气候变化、自然灾害等)的生态系统得到优化、修复、重建或改建(不一定与原来完全相同)。这与日本以及欧美国家的"生态修复"概念类似,但有别于环境生态修复的概念。按照这一概念,生态修复涵盖了环境生态修复,即非污染的退化生态系统,如毁林开荒等。水土流失和荒漠化可以通过退耕还林和封禁治理等手段修复生态系统,此过程可称为生态修复。并且,生态修复可以理解为"生态的修复",即应用生态系统自组织和自调节能力对环境或生态本身进行修复。因此,我国生态修复在外延上可以从四个层面理解。第一个层面是污染环境的修复,即传统的环境生态修复工程概念。第二个层面是大规模人为扰动和破坏生态系统（非污染生态系统）的修复，即开发建设项目的生态修复。第三个层面是大规模农林牧业生产活动破坏的森林和草地生态系统的修复，即人口密集农牧业区的生态修复，相当于生态建设工程或生态工程。第四个层面是小规模人类活动或完全由于自然原因（森林火灾、雪线上升等）造成的退化生态系统的修复，即人口分布稀少地区的生态自我修复。处于实施进程中的水土保持生态修复工程和重要水源保护地、生态保护区的封禁管护均属于这一范畴。第二、三、四层面综合起来即为生态修复学涉及的内容，这四个层面的生态修复可能在某一较大区域并存或交叉出现。与国外相比，我国的生态修复研究与实践主要在于两方面：一是工矿区扰动土地的人工生态重建，着重植物群落模式试验实践；二是退化草地和森林采伐或火烧迹地的修复，强调采取人工重建措施的快速性和短期性，相对忽视生态自我修复能力与过程的研究。

1.1.2　生态修复的特点

污染环境生态修复是以生态学原理为基础对多种修复方式进行优化综合，因此，其特点是：

（1）严格遵循和谐共存、循环再生、区域分异和整体优化等生态学原理。

（2）多学科交叉。

生态修复的实施，需要生态学、物理学、化学、植物学、微生物学、分子生物学、栽培学和环境工程等多学科的参与，因此，多学科交叉也是生态修复的特点。

（3）影响因素多而复杂。

生态修复主要是通过植物和微生物等的生命活动来完成的，影响生物活动的各种因素也将成为生态修复的重要影响因素，因此，生态修复也具有影响因素多而复杂的特点。

1.2　生态修复的基本原理

1.2.1　污染物的生物吸收与积累机制

土壤或水体受重金属污染后，植物会不同程度地从根际圈内吸收重金属，吸收数量的多少取决于植物根系生理功能及根际圈内微生物群落组成、氧化-还原电位、重金属种类和浓度、pH以及土壤的理化性质等因素，其吸收机理尚不明确（主动吸收或被动吸收）。

1.2.2　有机污染物的转化机制

植物对重金属的吸收可能存在以下三种情形：

一是完全的“避”，究其原因，可能是当根际圈内重金属浓度较低时，植物根系依靠自身的调节功能完成自我保护。但也不排除这样的情况：无论根际圈内重金属浓度有多高，植物本身就具有这种“避”的机理，可以免受重金属毒害，但这种情形存在的可能很小。

二是植物通过自身的适应性调节，对重金属产生耐受性，虽然植物吸收根际圈内重金属，本身也能生长，但根、茎、叶等器官及各种细胞器会受到不同程度的伤害，使植物生物量下降。这种情形可能是植物根对重金属被动吸收的结果。

三是某些植物体内可能存在某种遗传机理,将一些重金属元素作为其生长增殖的营养源,所以即使根际圈内该元素浓度过高,植物也不受其伤害,超积累植物就属于这种情况。

植物根对中度憎水有机污染物有很高的去除效率,如 BTX(即苯、甲苯、乙苯和二甲苯)、氯代溶剂和短链脂肪族化合物等。有机污染物被植物吸入体内后,植物可以通过木质化作用将它们及其残片储藏在新生的组织结构中,也可以利用代谢或矿化作用将其转化为 CO_2 和 H_2O,抑或使其挥发。根系对有机污染物的吸收程度取决于植物的吸收率、蒸腾速度和有机污染物的浓度。植物的吸收率取决于污染物的种类、理化性质及植物本身特性。其中,蒸腾作用可能是决定根系吸收污染物速率的关键变量,这涉及土壤或水体的物理化学性质、有机质含量及植物的生理功能,如叶面积,根、茎和叶等器官的生物量,蒸腾系数等因素。一般来说,植物根系对无机污染物,如重金属的吸收强度要大于对有机污染物吸收的强度,植物根系对有机污染物的修复,主要是依靠根系分泌物对有机污染物产生的络合和降解等作用。此外,植物根死亡后,向土壤释放的酶如脱卤酶、硝酸还原酶、过氧化物酶和漆酶等,也可以继续发挥分解作用。

细菌等微生物也可以积累大量的重金属,但由于这些微生物难以去除,并且虽然重金属在这些微生物体内可能会发生转化而暂时对环境无害,但微生物死亡后重金属又会重新进入环境并继续形成潜在危害。因此,这种机制对于重金属污染土壤或水体的修复意义不是很大。

植物降解功能也可以通过转基因技术得到增强,如把细菌中的降解除草剂基因转导到植物中产生抗除草剂的植物,这方面的研究已有不少成功的例子。因此,筛选、培育具有降解有机污染物能力的植物资源就显得十分必要。目前,植物降解有机污染物的研究多集中在水生植物方面,这可能是水生植物具有大面积的富脂性表皮,易于吸收亲脂性有机污染物的缘故。阿特拉津是广泛使用的除草剂,土壤中残留十分严重。已有研究发现地肤属(*Kochia*)植物可明显地吸收阿特拉津,使土壤中多年沉积的阿特拉津量显著减少,且阿特拉津的降解不受其他农药如异丙甲草胺、氯乐灵的影响。

图 1.1 中展示了有毒有害有机物在环境中的降解方式。

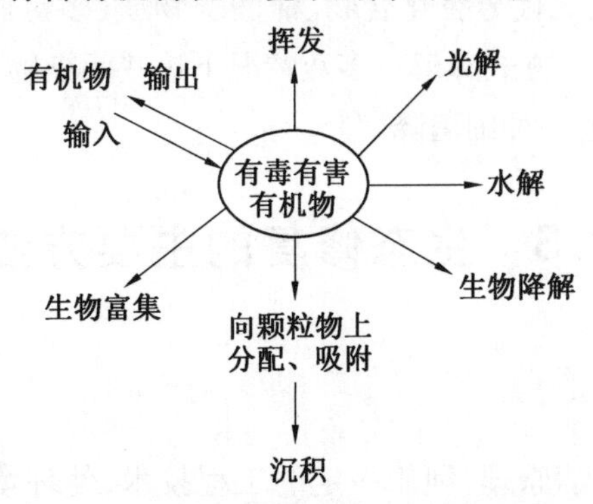

图 1.1　有毒有害有机物在环境中的降解方式

1.2.3 有机污染物的生物降解机制

生物降解是指通过生物的新陈代谢活动将污染物分解成简单化合物的过程。这些生物包括部分动物和植物,但由于微生物具有各种独到的化学作用,如氧化-还原作用、脱羧作用、脱氯作用、脱氢作用和水解作用等,同时本身繁殖速度快,遗传变异性强,也使得它的酶系能以较快的速度适应发生变化的环境条件,并且微生物对能量利用的效率比动植物更高,因而具有将大多数污染物降解为无机物(如二氧化碳和水)的能力。由此可见,微生物在有机污染物降解过程中起到了很重要的作用,所以生物降解通常是指微生物降解。

微生物具有降解有机污染物的潜力,但有机污染物能否被微生物降解取决于这种有机污染物是否具有可生物降解性。可生物降解性是指有机化合物在微生物作用下转变为简单小分子化合物的可能性。有机污染物是有机化合物中的一大类。有机化合物由天然的有机物和人工合成的有机化合物两部分组成,天然形成的有机物几乎可以完全被微生物降解,而对于人工合成的有机化合物,其降解过程则复杂得多。多年研究表明,在数以百万甚至千万计的有机污染物中,绝大多数都具有可生物降解性,并且,有些专性或非专性降解微生物的降解能力及机理已被研究得十分清楚,但也有许多有机污染物是难降解或根本不能降解的,这就要求在加深对微生物降解机理的了解,以提高微生物降解潜力的同时,也要合成新的化学品用于可生物降解性试验。此外,对于那些不能生物降解的化学品应当明令禁止,只有这样才能更有利于人类和生态的可持续发展。

细菌不仅可以直接利用自身的代谢活动降解有机污染物,还能以环境中有机质为主要营养源,对大多数有机污染物进行降解,如多种细菌可利用植物根分泌的酚醛树脂(儿茶素和香豆素)降解多氯联苯(PCBs)以及2,4-二氯苯氧乙酸(2,4-D)。细菌对低相对分子质量或低环有机污染物如多环芳烃PAHs(二环或三环的)的降解,主要是将有机物作为唯一的能源和碳源进行矿化,而对于高相对分子质量的和多环的有机污染物如多环芳烃PAHs(三环以上的)、氯代芳香化合物、氯酚类物质、多氯联苯(PCBs)、二噁英及部分石油烃等则采取共代谢的方式降解。多数情况下这些污染物是被多种细菌产生的联合作用降解的,但有时也可被一种细菌降解。

1.3 生态修复的主要方法

1.3.1 物理修复

物理修复是根据物理学原理,利用一定的工程技术,使环境中污染物部分或彻底去除,或转化为无害形式的一种污染环境治理方法。相对于其他修复方法,物理修复一般需要研制大中型修复设备,因此其耗费也相对昂贵。

物理修复方法很多,如污水处理中的沉淀、过滤和气浮等,大气污染治理的除尘(重力除尘法、惯性力除尘法、离心力除尘法、过滤除尘法和静电除尘法等),污染土壤修复的置稳定化、玻璃化、换土法、物理分离、蒸汽浸提、固定和低温冰冻等。

1.3.2 化学修复

化学修复是利用加入到环境介质中的化学修复剂能够与污染物发生一定的化学反应,使污染物被降解、毒性被去除或降低的修复技术。

由于污染物和污染介质特征的不同,化学修复手段可以是将液体、气体或活性胶体注入地表水、下表层介质、含水土层,或在地下水流经路径上设置可渗透反应墙,滤出地下沉淀水中的污染物。注入的化学物质可以是氧化剂、还原剂、沉淀剂或解吸剂、增溶剂。不论是现代的各种创新技术,如土壤深度混合和液压破裂技术,抑或是传统的井注射技术,都是为了将化学物质渗透到土壤表层以下或者与水体充分混合。通常情况下,都是根据土壤特征和污染物类型,在生物修复法的速度和广度上不能满足污染土壤修复的需要时,才选择化学修复方法。

化学修复方法应用范围十分广阔,如污水处理的氧化、还原、化学沉淀、萃取和絮凝等;气体污染物治理的湿式除尘法、燃烧法,含硫、氮废气的净化等。在污染土壤修复方面,化学修复技术发展较早,并且相对成熟。污染土壤化学修复技术目前主要涵盖以下几方面的技术类型:

(1)化学淋洗技术。

(2)溶剂浸提技术。

(3)化学氧化修复技术。

(4)化学还原与还原脱氯修复技术。

(5)土壤性能改良修复技术等。

化学淋洗技术能更有效地去除低溶解度和吸附力较强的污染物。化学氧化修复技术是一种对污染物类型和浓度不是很敏感的、快捷、积极的修复方式;化学还原与还原脱氯修复技术则作用于分散在地表下较大、较深范围内的氯化物等对还原反应敏感的化学物质,将其还原、降解。

1.3.3 微生物修复

微生物修复即利用天然存在的或人为培养的专性微生物对污染物的吸收、代谢和降解等作用,将环境中有毒污染物转化为无毒物质甚至于彻底去除的环境污染修复技术。

微生物是人类采取生物手段来修复污染环境最早的生命形式,而且对于污水处理来说其应用技术比较成熟,影响也极其广泛。

1.3.4 植物修复

植物修复是指利用植物及其根际圈微生物体系的吸收、挥发、转化和降解的作用机制来清除环境中污染物质的一项新兴的污染环境治理技术。植物修复途径主要包括:

(1)利用植物根际圈共生或非共生特效微生物的降解作用,净化有机污染物污染的土壤或水体。

(2)利用挥发植物,以气体挥发的形式修复污染土壤或水体。

(3)利用固化植物,钝化土壤或水体中有机或无机污染物,使之减轻对生物体的毒害。

(4)利用植物本身特有的利用、转化或水解作用,使环境中污染物得以降解和脱毒。

(5)利用绿化植物,净化污染空气。

广义的植物修复包括利用植物及其根际圈微生物体系治理污染土壤(包括重金属及有机污染物质等)、净化水体(如污水的湿地处理系统、水体富营养化的防治等)以及利用植物净化空气(如室内空气污染和城市烟雾控制等)。狭义的植物修复主要指利用植物及其根际圈微生物体系净化污染土壤或污染水体,而通常所说的植物修复主要是指利用重金属超积累植物的提取作用,去除污染土壤或水体中的重金属。

修复植物是指能够达到污染环境修复要求的特殊植物,如能直接吸收、转化有机污染物质的降解植物;对空气净化效果好的绿化树木和花卉等;利用根际圈生物降解有机污染物的根际圈降解植物;以及提取重金属的超积累植物、挥发植物和用于污染现场稳定的固化植物等。

要将植物修复与微生物修复完全分开是不可能的,因为对于绝大多数植物来说,植物的生命活动与其根际环境中微生物的生命活动是密不可分的,许多情况下还会形成共生关系,如菌根(真菌与植物共生体)、根瘤(细菌与植物共生体)等。所以,在修复植物对污染物质起作用的同时,其根际圈微生物体系也在起作用,只不过植物对污染物修复起绝对作用,因而,将其称为植物修复。而对于以微生物降解为主要机制的根际圈生物降解修复来说,对污染物起到修复作用的主要是根际圈微生物体系,虽然植物对污染物也起到某些直接降解或转化作用,但起主导作用的是微生物,植物只是为这些微生物的生存创造了更加有利的条件,但这些条件却是至关重要的。因此,根际圈生物降解修复也可以称作植物-微生物联合修复。

1.3.5 自然修复

生态系统都具有自然修复的能力,包括污染物的自净化、植被的再生、群落结构的重构和生态系统功能的修复等。其理论基础主要包括:生物地球化学循环、种子库理论(生态记忆)、定居限制理论、自我设计理论、演替理论、生态因子互补理论等修复生态学的基本原理。对于污染物,生态系统通过生物地球化学循环具有自我净化的能力,例如土壤中的重金属可在物理、生物和化学作用下失活或转化,从而减轻重金属毒害。水资源中含砷、石油类等污染物,也可以自然衰减,降低环境风险。对于破坏的植被,根据定居限制理论,在生态系统修复前期可通过先锋植物、土壤种子库等为植被的再生提供基础,且这一能力十分突出,即使在重度损毁下依然存在着永久种子库。对于损毁的群落结构,生态系统可利用自身修复力,通过“种子库”所记录的物种关系形成先前稳定的群落结构,而根据自我设计理论,退化生态系统也能根据环境条件合理地组织自己形成稳定群落。对失去的生态系统功能,虽然自然修复很难像人工修复那样定向且全面地修复各影响因子,但生态因子的调节性能力、因子量的增加或加强能够弥补部分因子不足所带来的负面影响,使生态系统能够保持相似的生态功能,例如,土壤中微生物的增加,可以提高营养元素的活性从而弥补土壤肥力的不足,提高系统生物产量。

第2章 水域生态系统的修复

地球有“水的星球”之称，水在推动地球及地球生物的演化、形成与发展过程中起着极为重要的作用。地球上的水主要由大气水(水汽、水滴和冰晶)、陆地水和海洋水三部分组成。许多学者将淡水生态系统、陆地生态系统与海洋生态系统并列为地球上的三大生态系统。作为生物圈重要的组成部分，水域(淡水、海洋)生态系统在维持全球物质循环、水循环和能量流动及调节全球气候中发挥着特殊作用。虽然全球水体面积占全球总面积的75%之多，远远大于陆地面积，但其中大部分是海水，陆地水面积极为有限。全球海洋水量占地球总水量的97.41%；陆地水体水量仅占总水量的2.59%；大气水量仅占地球水量的0.001%。全球陆地水(淡水)主要包括湖泊、水库、河流、土壤含水层和生物体中的液态水、冰川、积雪和永久冻土中的固态水等，其中人类不能直接利用的水体(如冰川和冰盖)和深层地下水占淡水总量的99%以上。由此可见，保护水资源，维护陆地水域生态系统的相对稳定，对人类的生存与发展尤为关键。本章中水域生态系统主要涉及流动的江河、溪流等和相对静止的湖泊、湿地等淡水生态系统。

淡水生态系统是指江河、湖泊、湿地、水库和池塘等内陆特定的水域生态系统。这些内陆水体不仅可以为人类提供食物、工农业生产及生活用水，而且具有渔业、航运、水利灌溉、发电、旅游休闲和净化污染物质等诸多社会经济价值。同时，这些水体也是各类野生动物理想的栖息地，具有极高的生物多样性，可为人类提供许多重要的生态服务功能。

然而，在过去的几十年中，随着人类生活水平的提高、人口的快速增长以及工农业生产的迅猛发展，人类对水资源的需求量急剧增加；同时，由于人类对水资源管理和利用缺乏科学的认识，造成了水资源随意开采、污染物的大量排入以及森林破坏(尤其是河岸植被带)等，严重影响和破坏了水域生态系统。而且，这种变化和破坏的程度是历史上任何时期所不具有的，水域生态系统自身及人工的修复速率也远远小于其受到损害的速率。水资源的损耗与短缺是水域环境严重破坏后的必然结果。

因此，如何延缓甚至阻止水域生态系统受损进程、维持其现有淡水生态系统的服务功能、修复受损水域生态系统和促进淡水资源持续健康发展已经成为当今国际社会关注的焦点之一。

2.1 河流生态系统的健康评价步骤

借鉴部分学者采用的河流健康等级分类法，以河流生态系统健康评价为基础，从多个层面去考虑进行河流生态系统的健康评价，进而确定修复手段等。具体步骤为：

(1)首先根据各个健康等级的描述，将健康、亚健康、脆弱、病态和恶劣5个等级分为3大类型，即将健康等级归为未损坏型的，均不需实施人工修复；将恶劣等级归为难以修复型的，表示暂时不进行修复；将亚健康、脆弱和病态等级作为待修复型，确定待修复的对象。

(2)从水文状况出发,将水文状况为健康的归为水量充沛型,水文状况为亚健康、脆弱和病态的归为季节性断流型,水文状况为恶劣的归为常年断流型,对待修复型河流生态系统进一步分类。

(3)再根据水质状况,将水质状况为健康的归为未污染型,水质状况为亚健康、脆弱、病态和恶劣的归为污染型,对水量充沛型和季节性断流型的河流生态系统进一步分类。

(4)根据地貌和生物状况,将状况为健康的归为未破坏型,状况为亚健康、脆弱、病态、恶劣的归为破坏型,对河流生态系统进一步分类。

(5)最后根据不同类型河流生态系统的破坏特征,提出对应的修复模式。

2.2　河流生态系统的修复

今后的较长一段时间,我国仍将处于发展阶段。水污染仍是个一直存在的问题,并且还可能会导致局部水污染的进一步恶化。自改革开放起,部分持续排放的污染物质的累积形成了如今的水环境污染问题。从21世纪初来看,我国工业废水处理率虽已大幅度提高,但未被成功处理排放出去的污染物质绝大部分都是难降解污染物质,对水环境具有长期的潜在危害;全国城市生活污水处理率仍然极不乐观,大多数未经处理就直接排入水环境,生活污水成为主要的水污染源;我国已经认识到农业对水环境的严重影响,但是尚未采取全面的管理措施和监管手段进行有效的防治与查处。根据监测调查数据显示,我国半数以上的城市水环境污染问题比较严重,有的城市水环境仍在继续恶化。

被污染的城市水环境如图2.1所示。

图2.1　被污染的城市水环境

水环境中的污染物质直接导致水体和土壤的功能被破坏,使各种生物良好的生存状态被打破,或者污染物质通过“食物链”影响动物、植物和人类;并且污染物质能抑制分解者的活性,导致污染物质在环境中的持续积累。总之,污染物质的毒性表明其不能与环境兼容,而去除或降解环境中的污染物质则需要对受污染的水体和土壤进行修复处理,其中对水环境进行修复是我国迫切的需要。

图 2.2 展示了水体和土壤功能被破坏后的水环境状况。

图 2.2　水体和土壤功能被破坏后的水环境

污染河流的生态修复技术是近年发展起来的一种新型环境生物技术,这类技术主要是利用微生物、植物等生物的生命活动,对水中污染物进行转移、转化及降解,从而达到使水体净化的目的,创造适合多种生物生存繁衍的环境,修复或重建水生生态系统。这种技术具有以下优点:首先,处理效果好。其次,生态水体修复的工程造价相对较低,低耗能甚至不耗能,运行成本低廉。所需的微生物具有来源广、繁殖快等特点,假使能在一定条件下,对所需微生物进行筛选、定向驯化和积累培养,则能实现对大多数有机物质的生物降解处理。此外,这种处理技术不需向水体投放药剂,不会形成二次污染,避免了河湖库等大范围的污水治理工作。

近年污染河流的生态修复技术发展很快,在国外已经实现了工程实用化,并且积累了较为丰富的观测数据。

世界上首次有记录的生物法进行污染环境修复的工程案例,是 1972 年美国宾夕法尼亚州 Ambler 管线汽油泄漏清除工程。最初,生物修复的应用范围局限于试验阶段,直到 1989 年美国阿拉斯加海域受到大面积石油污染以后,这一桎梏得以突破,才首次大规模应用生物修复技术。1989 年 3 月,超级油轮 Exxon Valdez 号的原油被泄漏到美国最原始、最敏感的阿拉斯加海岸,原油的影响遍及 1 450 km 长的海岸线。由于常规净化方法的净化作用已微乎其微,Exxon 公司和美国环保局随后就展开了著名的"阿拉斯加研究计划",该计划主要采用生物修复技术来消除原油泄漏产生的污染,亚特拉斯等微生物学家提出了切实可行的治理方案和实地示范,证实了部分环境中的土著微生物能够分解矿化石油,但限制这些微生物在自然条件下实现该功能的主要因素是环境中 N、P 营养成分相对贫乏。针对此原因,在修复过程中工作人员对一些受污染的海滩有控制地使用了两种亲油性微生物肥料,之后采样监测了营养元素情况,并发现石油降解菌的数量增加了 1 ~ 2 个数量级,石油污染物的降解速率提高了 2 ~3 倍,总体净化过程加快了近两个月,同时营养元素的加入并未引起周围海洋环境的富营养化现象。阿拉斯加海滩污染后生物修复的成功最终得到了政府环保部门的认可,所以阿拉斯加海滩溢油的生物修复被认为是生物修复发展的里程碑。1991 年 3 月,在美国的圣地亚哥举行了第一届原位生物修复国际研讨会,来自北美洲、欧洲、亚洲和大洋洲 20 个国家的 700 位学者与会,交流并总结了生物修复工作中的实践经验,并出版了两本论文集,使生物修复技术的推广和应用走上了更加迅猛的发展道路。

我国对河流生态系统修复的研究仅有二三十年的时间,但是我国生态学和水利学的学者从不同角度分析了河流生态系统修复研究的重要性,探索了修复受损河流生态系统的技术手段。董哲仁等提出了"生态水工学"的概念。郑天柱等人分析其修复效果,认为河流流量、含氧量和生物多样性是河流生态系统修复的关键因素;高甲荣等在分析传统治理概念的基础上,提出了河溪的自然治理原则,并探讨其应用的基本模式。有学者从河流廊道的空间结构和生态功能的分析出发,提出了河流生态系统修复的概念和技术,赵彦伟等人研究了河流生态系统健康的概念、评价方法和发展方向,提出河流健康评价包含水量、水质、水生生物、物理结构与河岸带 5 大要素的指标体系。

2.2.1　河流生态系统的结构与功能

2.2.1.1　河流生态系统的结构

狭义上讲,河流(溪流)生态系统主要是指由水生植物、水生动物和底栖生物等生物与水体等非生物环境组成的一类水生生态系统。广义的河流生态系统是陆域河岸生态系统、水生生态系统和湿地及沼泽生态系统等一系列子系统组合而成的复合系统。从河流的结构来讲,河流一般由溪流汇集而成。在河流的源头先是没有支流的小溪流,它属于最小的一级小溪,当两个或更多一级小溪汇合后就形成稍大的二级小溪,两个二级小溪汇合就形成更大的三级溪流。每一条溪流或河流的排水区域构成它的流域,而每一个流域在其植被、地理特点、土壤性质、地形和土地利用方面都不尽相同。但溪流和河流都为各自流域提供了排水通道,池塘、湖泊和湿地都具有滤污器的功能。在此,河流生态系统是一个由流水系统、静水系统和陆生系统(包括各系统内生物群落)三大部分组成的完整复合的生态系统。

(1)水体河流生态系统往往由静水系统和流水系统这两个不同而又紧密相关的生境交替组成。流动水体是溪流初级生产量的主要产生地。水生附生生物可附着在水下的岩石和倒木上,成为溪流浅滩的优势生物,其主要成分是硅藻、蓝细菌和水藓等,它们类似于湖泊中的浮游生物。静态集水区在流动水体的上下游均有分布,集水区的深度、流速和水化学方面的特征均与流动水体不同。如果说流动水体是有机物的生产工作室,那么集水区就是有机物的分解车间。集水区的水流速度相对较慢,因而可使水中的有机物质沉淀下来。集水区是夏秋两季中二氧化碳的主要产生场所,这保证了溶解态重碳酸盐的稳定供应。若失去集水区,重碳酸盐就会因流水植物的光合作用而被耗尽,进而导致下游能够利用的二氧化碳越来越少(流水中的二氧化碳大都是以碳酸盐和重碳酸盐的形式存在的)。

水流流速是影响溪流、河流特征和结构的一个重要属性，而溪流或河流通道的形状、宽度、水深、陡度、溪底平均深度和降水强度以及融雪速度都对水流速度有影响。水流速度超过 50 cm/s 应该算是流速较快的溪流，在此流速下，只有小石块才会留在溪底，而直径小于 5 mm 的所有颗粒物都会被冲走。增大水位差可加快流速因而使水流具有足够大的动能搬运走溪底的石块和碎砖瓦，对溪床和溪岸有很强的冲刷作用。随着溪底、河床的加深加宽以及水容量的增加，溪底、河床就会积累一些淤泥和腐败的有机物质。当水流速度逐渐变缓时，河流（溪流）中的生物组成也将随之改变和重组。

溪流中的二氧化碳含量、有机酸的存在和水污染状况均能被水体 pH 所反映。一般来讲，相比于酸性的贫营养溪流，水体的 pH 越高表明水中重碳酸盐、碳酸盐和其他相关盐类的含量也就越多，水生生物的数量和鱼类的数量与之成正相关。溪水越过浅滩时的起伏大大增加了水体与空气的接触面，因此溪流中的溶解氧含量升高，常常可达到即时温度下的最高值即饱和状态，只有在深潭或受污染水体中，溶解氧含量才会显著下降。

（2）生物栖息所面临的主要问题就是河流（溪流）的流动性。在这方面，河流（溪流）生物由于其长期的生存繁衍已形成了一些特有的适应性。为减少在河流中运动所受阻力，流线型成为大多河流生物的体貌特征。很多昆虫的幼虫可抓附在小石块的表面，主要原因是那里的水流速度较慢。它们的身体呈扁阔状，甚至有的幼虫下表面十分黏滑，这使它们能牢牢地黏附在水下石块的表面，并缓慢地沿石块表面爬行。在植物中，水藓和分枝丝藻借助自身的固着器附着在岩石上，有的藻类则可形成垫状群体，外面覆有一层胶黏状物，其整体形态很像是石块或岩石。

急流中，接近饱和状态的含氧量是栖息其中的所有动物的生存基础。水的快速流动能保证动物的呼吸器官与饱含氧气的溪水持续接触，避免了因水流速慢导致动物身体外围一层水膜中的氧气很快被耗尽的问题。在水流缓慢的溪流中，流线型体形的鱼种会逐步消失绝种，取而代之的是银鱼等其他鱼种。取代的鱼类失去了在急流中游动所需的强有力的侧肌，体形较为紧凑，更适合在茂密的植物丛中穿行。

溪底或河底的性质是影响河流（溪流）整体生产力的重要因素。通常情况下，沙质河底的生产力最低，因为附生生物难以在其中定居生存。基岩河底虽然为生物定居提供了一个坚固的基质，但它遭水流冲刷过于强烈，所以只有抓附力最强的生物才能在那里生活。由沙砾和碎石铺成的河底是最适宜生物定居的，因为这不仅为附生生物提供了最大的附着面积，同时也为各种昆虫幼虫提供了大量缝隙作为避难场所，因此这里的生物种类和数量最多，也最稳定。河底沙砾或碎石过大或过小都会大大降低生物产量。

可见，河流（溪流）中的生物为河流生态系统提供了生命活力，是河流生态系统持续发展的基础。

（3）河岸带是指河水与陆地交界处的两边、河水影响很小的地带，也可泛指一切邻近河流、湖泊、池塘、湿地以及其他特殊水体并且有显著资源价值的地带。一般来讲，河岸带包括非永久被水淹没的河床及其周围新生或残余的洪泛平原。河岸带是水陆相互作用的地区，其界线可以根据土壤和植被等因素的变化来确定。它具有四维结构特征，即纵向（上游—下游）、横向（河床—洪泛平原）、垂直方向（河川径流—地下水）和时间变化（如河岸形态变化及河岸生物群落演替）四个方向的结构。河岸带生态系统具有明显的边缘效应,是地球生物圈中最复杂的生态系统之一。作为重要的自然资源,河岸带蕴藏着丰富的野生动植物资源、地表和地下水资源、气候资源以及休闲、娱乐、观光旅游资源等,是良好的农、林、牧、渔业生产基地。

2.2.1.2　河流生态系统的功能

(1)河流的功能从对人类的作用来看,河流功能可分为负向和正向两大类。其负向功能主要是指洪水泛滥造成的洪涝灾害和疾病传播等,1998 年长江流域的特大洪水灾害就给了人们深刻的教训。正向功能是河流可作为人类在生产生活过程中的淡水资源和景观环境资源,同时人类能利用河流进行水力发电,发展航运业、水产养殖捕捞业等。由于河流具有提供淡水、发展航运和为大型水电站提供能源等优点,促使流域工业布局向沿江线靠拢并形成产业密集走廊,例如莱茵河中下游、密西西比河三角洲和长江三角洲等。城市的经济中心逐渐随沿江线而建立并发展,并依托沿江城市这些“点”,借助河流这个“轴”,辐射整个流域经济的“面”,从而形成“点—轴—面”的流域空间经济格局。这种格局是河流多目标、多层次充分开发利用的结果,是河流社会经济功能的重要体现。

此外,在生态功能方面河流所起到的作用也不容忽视。河流廊道中宽而浓密的植被可控制来自景观基底的溶解物质,为两岸内部种群提供足够的生境和通道,并能很好地降低来自周围景观的各种溶解物的污染,进而起到保证水质、净化环境和调节气候的作用;具有不间断河岸植被结构的廊道能保持诸如水温低、含氧高的水生条件,有利于某些鱼类生存,增加区域生物多样性;沿河两岸的植被覆盖,可以削弱洪水影响,并为水生食物链提供有机质,为鱼类和洪泛平原稀有种提供生境。总的来说,河流具有供人们游憩、吸纳污水、净化环境和调节气候等公益价值。

(2)河岸带是河流多重生态功能的重要环节,河岸带对水陆生态系统间的物流、能量流、信息流以及生物流均能发挥廊道、过滤器和屏障功能。河岸带生态系统对稳定河岸,进行水土污染治理和保护,增加物种种源,提高生物多样性和生态系统生产力与服务功能,调节微气候和美化环境,开展旅游活动均具有重要的现实和潜在价值。

①廊道功能。包括生物迁移通道和景观廊道,是指微生物迁移转化过程和动植物生境与相邻区域环境相比沿河呈现明显差异的线状或带状分布结构。廊道具有生境、传输通道、过滤和阻抑作用,可作为物质、能量和生物个体的源或汇。通过河流基质对污染物的溶解,为廊道内部物种提供足够的生境和通道,维持着河流含氧量和有机质含量,进而影响水生生物的生存。研究表明,在弗吉尼亚州芦苇河流域,DOC 的浓度由地下水中的 2 ~ 3 mg/cL增加到河岸带的 6 ~ 18 mg/cL;同时,河流中 DOC 的浓度也从 5 mg/cL 变为 11 mg/cL,为物种的多样化提供了条件。HELEN 等对弗罗姆河(UK)进行了为期一年的研究,结果表明河岸带植被对植被繁殖体经河流输送和沉积影响较大,并且随着季节的变化,存在空间和时间上的差异性变化。此外,河岸带廊道在穿越不同背景的流域时,对动植物群落的生长繁衍条件亦存在影响。研究表明,采伐沿岸森林会增加日最高温度和平均水温 2 ~ 10 ℃,造成林地的区域气象背景条件和 SPAC(土壤—植被—大气连续体)系统中水分运移模式发生变化,进而影响河岸植被群落结构特征、生物多样性、生物化学循环和其他系统演化的过程。

②缓冲带功能。Mander 通过研究爱沙尼亚和美国河岸的缓冲带功能,提出“河岸缓

冲带是指直接生长在河岸的林地、灌丛(5~50 m宽)或草地(50~200 m宽)"这一概念。河岸缓冲带的宽度依据土壤和邻近地区5~50 m范围内的景观条件而定。参照通用水土流失方程(USLE),Mander同时提出缓冲带的有效宽度与在相应时段内地表径流强度、流域坡长和坡度成正比,而与流域地表的粗糙度系数(自然草地为1.2,开发强度较大的土地为1.0)、缓冲带内渗入的水流流速及缓冲带内土壤的吸附能力成反比。Mander发现,相比于树龄大的林地,灌丛和树龄小的林地具有更大的去除氮、磷等营养物质的能力,这是由于在这类河岸缓冲带中土壤及土壤微生物与植被活动能力和吸附能力更强。此外,Mander还发现森林中圆木的运输量与氮、磷在河岸缓冲带中的滞留量相关性极强,其相关系数分别达到0.99和0.997,这表明林地中植被的数量及其郁闭度大小对河岸缓冲带的功能影响极大。Peter和Correll认为河岸带可滞留89%的氮和80%的磷。由此可见,河岸缓冲带吸纳非点源污染的有效性会受到如缓冲带的尺度、植物结构组成、土地利用情况、土壤类型、地貌、水文、微气候和其他农业生态系统的特性等一系列因素的制约,因此,河岸缓冲带的设计过程较为复杂。

③护岸功能。河岸侵蚀是一个复杂的现象,往往受到多种因素的影响,通常与泥沙和河岸性质,如物质组成与质地、切向力和抗张力、地下水水位、渗透力、地层、河岸几何形态和水流及其上生长的植物等有关。河岸植被覆盖的密度与类型对河岸侵蚀的防护作用影响较大。Zierholz在研究沼泽湿地对河流和流域泥沙输移作用时指出:沼泽植被通过覆盖河岸、河谷和河床,不仅保护了河岸,而且降低了河床中水流速度,防止了水流侵蚀,促进了泥沙沉积;反之,孤立的植被在河床中极易遭受洪水侵蚀,影响河床形态和泥沙输移。沼泽湿地每年沉积的泥沙量是其他河段沉积泥沙量的4~20倍。同其他保护河流、防止泥沙侵蚀的措施相比,在河边建造篱笆、树木和其他土木工程是最经济、最自然和最有效的方法。当然,植物的护岸作用也是有条件的,Smith通过试验研究认为:在河岸较低时,由于植物根系可以垂直深入河岸内部,故植树可以加强河岸的稳定性;但当河岸较高时,由于植物根系不能深入到河堤堤脚,植树则会增加河岸的不稳定性,特别是当河岸易遭受河水侵蚀和底蚀时。当短期的洪水侵蚀河堤并且水位经常发生变化时,草本植物可以有效地发挥防洪和防侵蚀作用;但如果洪水水位较高,淹没时间较长,这时就需要寻求更好的护岸方法。

张建春等人认为河岸带具有三个重要的功能:第一,自然河岸廊道以及与之相联系的对地表和地下水径流的保护功能;第二,对开放的野生动植物生境以及其他特殊地和迁移廊道的保护功能;第三,可提供多用途的娱乐场所和舒适的生活环境。

2.2.2 人类对河流生态系统的影响

在人类对河流生态功能不断认识、有关河流理论发展不断成熟的同时,世界上多数河流生态系统正在或已经遭受人类活动的严重破坏。大规模的工农业生产、采矿业以及为防洪、航运等进行的蓄水和修建水库等活动,对原本健康和完整的河流系统产生了极大的负面影响。到20世纪初期,世界上几乎没有一条完整的自然河流。

对河流的众多影响中,以防洪、农灌、航运和公路、铁路建设为目的的渠道化工程建设为最大。这些工程常常对河流截弯裁直,同时为了保证水流畅通,采取拓宽河道等做法,人为地使河流系统均一化,严重降低了河流系统的抗干扰能力。对于改造后的河流系统,原本在自然状况下沉积于河漫滩的冲积物会沉积于河道内部,这暗示着河流系统自身会不断向自然体系修复,尽力维持一种可持续状态。但一些渠道化的河流还在不断地由人类来“维持”,像清淤、疏通河道等。这样就严重抑制了河流的自然修复,整个生态系统的弹性不断下降,可持续状态难以持续。

河流建设项目对环境冲击和影响的内容较多,并且考虑到极复杂的水流情况,所以其影响范围不仅会局限于当地,还会波及其上下游地区;而且,河道内外的潜在生态影响会彼此重叠。

图 2.3 中为遭受洪灾的房屋情景。

图 2.3　遭受洪灾的房屋

被固体废弃物污染的河道如图 2.4 所示。

图 2.4　被固体废弃物污染的河道

2.2.3 河流生态系统修复的理论依据

2.2.3.1 生态学基础

随着科技的进步和社会生产力的提高,人类虽然创造了前所未有的物质财富,推进了文明发展的进程,但与此同时,人类正以前所未有的规模和强度影响着环境,损害并改变了自然生态系统,使地球生命支持系统的持续性受到严重威胁。修复和重建受损生态系统已经成为当前全社会面临的首要任务。在这种背景条件下,20 世纪 80 年代发展起来的修复生态学、景观生态学和流域生态学为受损水域生态系统修复与重建提供了坚实有力的理论基础。

淡水生态学、系统生态学和景观生态学之间的交叉产生了流域生态学。它以流域为研究单元,以现代数理理论为依据,研究水体间的信息、能量、物质变动规律,流域内的高地、河岸带等。流域是指一条河流(或水系)的集水区域,是一个由分水线所包络的相对封闭的系统,河流(或水系)可从这个集水区域中获得水量补给。流域是一个异质性区域,由不同生态系统组成,包括水系及其周边的陆地。从尺度上讲,流域生态学属于宏观生态学的研究领域。

流域生态学研究包括如下主要内容:

(1)流域景观系统的结构(不同生态系统或要素间的空间关系,即与生态系统的大小、形状、数量、类型、构型相关的能量、物质和物种的分布)、功能(空间要素间的相互作用,即生态系统组分间的能量、物质和物种的流动)和变化(生态镶嵌体结构和功能随时间的变化)。

(2)流域形成的历史背景(古地理和古气候)及发展过程。

(3)流域内主要干、支流的营养源与初级生产力,干、支流间的能量、物质循环关系及其规律,流水与静水生境之间营养源和能源的动力学研究以及江湖阻隔的生态效应。

(4)流域生物多样性测度、生态环境变化过程对流域景观格局(如水生、陆生及水陆交错带生物群落和物种)的影响与响应。河流生态系统形成、结构、功能等的研究是流域生态学的一个重要内容,其中,水陆交错带的研究是河流带生态修复与重建研究的基石。

2.2.3.2 河流的生态机能理论

在河流生态系统的水文、水化学和光合作用三者共同作用下形成了河流的基本结构和动力学特征。随着自然条件的逐渐变化,河流中植物群落在集水区横向、下游的分布以及生产力均会随之改变。除集水区上游水体内生物源(本地源)以外,还有其他来自陆地植被(外来源)的物流输入,且通过上游有机物质交换后的物质均会汇集到集水区,继而导致其下游物理环境中可利用生境的显著变化。有关河流系统的生态机能主要有以下三个理论。

(1)河流连续统理论 RCC(River Continuum Concept)。河流生态学研究中的河流连续统理论已被人们普遍接受。由源头集水区的第一级河流起,河水向下流经各级河流流域,形成一个连续的、流动的、独特而完整的系统,称为河流连续统(river continuum)。河流连续统理论认为河流生态系统内现有的和将来产生的生物要素随着生物群落的结构和功能而发展变化,常表现为一种树枝状的结构关系,归类于异养型系统,其能量和有机物质主要来源是地表水、地下水输入中所带的各种养分以及相邻陆地生态系统产生的枯枝落叶。相比之下,自身的初级生产力所占比例仅为1% ~2%。它不仅为许多动植物提供了栖息场所,也成为高地种群迁移等生命活动必不可少的景观因素。同时,Minshall等人针对有机物源的时空性、无脊椎动物群落的结构和河流流向上源的分离,提出了有关量级和变化参数的各类概念,研究者需要对此有深刻的认识和理解。就局部变量而言,河流连续统理论可作为响应变化和进行适度修改的最佳模型,并可指导某些有关激流生态系统的研究工作。但是,河流连续统理论不适合应用在研究低河槽河段内发生的各类现象。它只适合永久性的激流生态系统的研究。强烈的河流-漫滩效应会对RCC预测中的纵向模型有较大影响。而且,水文几何学和支流处生境会掩饰一些河流的"连续统"现象。

可见,河流连续统理论最适用于小、中型的溪流,人工调控严重、缺少河流-漫滩效应的河流。有关河流系统纵向模型的其他理论主要有系列不连续理论(Serial Discontinuity Concept)和源旋转理论(the Resource Spiraling Concept)。

(2)洪水脉冲理论FPC(Flood Pulse Concept)。具有漫滩的大型河流,洪水每年从河流向漫滩发展。洪水脉冲理论的中心是:影响河流生产力和物种多样性的一个关键因素是河流与漫滩之间的水文连通性。河岸带控制着生物量和营养物的循环和横向迁移。平水或枯水期,河岸带陆生生物向河漫滩发展延伸;洪水淹没期,河漫滩适合水生生物生长与繁殖。洪水脉冲优势通常被定义为变流量河流(有洪水脉冲)每年鱼类总数大于常流量河流所具有鱼类总数的程度。

(3)河流水系统理论FHC(Fluvial Hydrosystem Concept)。从生态学角度来看,河道、漫滩是河流生态系统横向上的重要组成部分,中等生境具有缀块结构,在地貌学上被称为功能区(Functional Sets),具有极其丰富的生物多样性。其主要包括流水河道、河漫滩、沙洲和废弃河道。河流生态系统的标志性特征是会产生季节性洪水。在每一个功能区内,洪水不仅提供了河流特定的水化学基础和水动力,而且可以定期地重新调整生物发育的物理模板。为了更好地描述有关河流结构与功能连通性特征,Petts与Amoros在1996年提出了河流水系统理论。他们认为,河流水系统是一个四维体系,包括河道、河岸带、河漫滩和冲积含水层,纵向、横向和垂直洪流以及强烈的时间变化都会对此体系产生影响。此理论强调河流是由一系列亚系统组成的等级系统,包括排水盆地、下游功能扇、功能区和功能单元以及其他小尺度生境,它们在各个尺度上都具有水文、地貌和生态方面的复杂联系。

在河流系统"弹性"和"稳定性"概念的基础上,河流水系统理论不仅突出了生态系统的驱动力,同时强调了河流生态系统健康的理念。这里,弹性是指系统在受干扰时维持自身结构和功能的能力;而稳定性是指系统在受干扰之后返回平衡状态的能力。对大规模的洪水干扰,自然河道在发展过程中已具备了适应性。

2.2.4 河流生态系统修复的目标与内容

2.2.4.1 河流生态系统修复的目标

(1)区域目标(Regional Objective)。区域目标从关注人类生活质量出发,实现改善退化河流环境的美学价值与保护文化遗产和历史价值的目标。这样,那些看似无用的环境价值可能成为河流修复工程的目标之一。但有时科学价值和河流的美学价值并不一致。例如,在以娱乐休闲为目标的修复工程中,鉴于基本出发点的不同,策划其他公共目标有一定困难。只有保护目标与运动、垂钓等娱乐休闲活动在经济利益一致的基础上,才更有利于生态修复的启动。

河流生态系统修复可以通过"以河流为荣"的理念,借助社区凝聚力或增强环境意识来实现,也可以直接由区域行动来发起。而且,这些修复往往均以生态目标为导向。在一些项目中,需要进行中心交易(Central Deal),以进行修复项目中的部分替代方案。

(2)专项目标(Specific Objective)。专项目标多数由河流管理机构发起。20 世纪 90 年代里约热内卢全球首脑会议指出:河流规划与管理必须在河流环境可持续原则的指导下向生态与保育方向发展。但事实上, 生态修复成了许多河流管理的保护伞,人们只采用一些"传统"的河流管理措施。一个典型例子就是河流的防洪工程。河滩地的再淹没、重建河岸林与蓄水池等一系列措施,虽然既可以修复湿地生境,又有利于下游区域抵抗洪灾,但这些措施基本上与人们长期形成的河流保护观念相悖,因而实施起来很难。目前,河流修复的专项目标还包括减少有关淤泥维护费用、减少河道系统的不稳定性和改善水质(DO 含量)等措施,这些目标往往与生态效益相关。举例来说,新型河流管理战略不仅有利于减少河床细沙含量,还能进一步改善鲑鱼属鱼类的产卵环境。但这些生态改善措施仅仅是河流生态系统修复众多目标中的冰山一角。

(3)生态目标(Objective for Ecological Improvement)。河流生态系统修复目标样式繁多,为平衡各项目标,必须产生一个"折中"目标。只有从生态角度出发,才能确立有效改善河流功能的整体目标。也只有这样,才能改善河流生物多样性、动植物群落和河流廊道。因此, 明确目标动植物群落生存发展所要求的物理生境条件,是确定生态目标的一个关键因素。包括了解不同发育阶段的生境需求、掌握与目标物种有依赖或共生关系的物种的生境需求以及对目标物进行深层次的鉴定。以上鉴定工作有助于地理学家和工程师借助于河流生态系统现状特征做出可持续的河流生境规划。而且,这一规划可以作为河流防洪、改善娱乐休闲空间等河流管理目标的重要框架。

2.2.4.2　河流生态系统修复的主要内容

一般河流生态系统修复的目标主要包括河岸带稳定、水质改善、栖息地增加、生物多样性的增加、渔业发达及美学和娱乐,以期河流能够更加自然化,这是修复工程的一个最普遍的目标。不同国家由于经济发展水平的差异,河流受到人类干扰的程度不同,因此,生态修复的目标也不相同。Nienhuis 和 Leuven 认为河流生态系统修复是一项很奢侈的行为,发达国家还可能实施,其河流修复目标一般包括农业、渔业、河流自然化发展和防洪 4 类,而一些贫困国家完全不可能实施。国外的众多河流以将水体重建、河流的水文循环修复、使鱼类和底栖无脊椎动物回到河流实现河流生态系统完整性作为生态修复的目标。倪晋仁和刘元元将河流修复目标分为 2 类:河流污染治理目标和生态修复目标,他们认为我国河流生态系统修复以改善受污染河流的水质为目标,尚不能完全实现生态修复的目标,这为我国河流修复今后的发展指明了方向。

河流生态系统修复的主要内容有:河道的整治修复,河口地区的修复,河漫滩、河岸带的修复,湿地的修复等,其依据是河流生态系统的组成。不同生态修复方法对应着不同的河流修复内容,同时应考虑工程建设对环境影响的内容和程度不同而进行适当的调整。而且,还要认识到工程建设必然会对环境产生冲击,应当重视生态修复对自然营造力的适宜度,不能强行修复,只有依靠自然规律来维持和发展才能达到最佳效果。

(1)河道的整治修复。目前,中小河流的整治一般采取顺直河道、加大河宽、疏挖河床、修建护岸工程和提高防洪的安全度等措施。其结果是:项目建设区域内珍贵植物消失,河宽增加导致水深减少,深潭及浅滩消失或规模缩小,河床材料单一化、断面形状单一化导致流速单一化,滞流区减少,滩地的平整和自然裸地减少等。与此同时,河床坡降的改变使泥沙的输送形态和输送量都发生变化,进而可能影响到上下游的栖息地。

为了削弱河流整治的负面影响,在确定滩地高程时,应考虑洪水脉冲频率及水深;在选择河床坡降时,要考虑其对河流冲淤的影响等;在河道整治线的选择上,应考虑项目区域是否需要保留原有大型深潭的弯道、是否有重要的生物栖息地,并采取一定措施保护现存河畔林及濒临灭绝物种(可迁移进行异地保护)等。

例如,为营造出有利于鱼类生长的河床,在日本常将直径0.8~10 m大小的自然石经排列埋入河床造成深沟及浅滩,形成鱼礁。这种方法被称为植石治理法或埋石治理法。植石治理法适用于河床比降大于1/500,水流湍急且河床基础坚固,遇到洪水植石带不会被冲失,枯水、平水季节又不会产生沙土淤积的河道。另一种常用方法为浮石带治理法,适于那些河床为厚沙砾层、平时水流平缓而洪水来势凶猛的河床治理。这是一种将既能抗洪水袭击又可兼作鱼巢的钢筋混凝土框架与植石治理法相结合的治理法。

(2)河口地区的修复。由于对河床的疏挖造成盐水上溯,鱼类产卵场减少,盐沼面积减少甚至消失,都是人类对河口地区生态环境造成的严重影响。据估计,在东英格兰沿海岸艾塞克斯的黑水河口,横向盐沼侵蚀大约以每年2 m的速度向前推进。其主要原因之一就是坚固的海岸堤防阻止了河口沼泽地向陆地的迁移,即"海岸挤压"。拆除这些现有人工海岸堤防在生态和经济角度来讲是十分合理的。英国黑水河口地区于1991年进行了海岸堤防重建的试验工程,以此来修复盐沼,建设自然"软"堤防。从自然角度和国际角度来讲,这种修复工程十分有益于鸟类保护。目前,英国国家河流管理局、英国自然署、国家信托基金会以及主要的防洪投资者MAFF(包括农业、渔业、环境、食品和农村事务局等)等部门已经相互合作来发展类似的修复和管理工程。此外,英国还建立了"黑水"交流会,用以鼓励艾塞克斯海岸的实践者和投资者,并不断与来自美国、澳大利亚的专家进行交叉学科和相关技术的经验交流。

日本北海道改造工程在九州地区遭受巨大洪灾后开始实施,改造工程严重影响到河口地区环境。例如,河道滩地削低后外来植物对裸地的大规模入侵、河床疏挖后盐水上溯、修筑堤防导致盐沼减少、人工堤(混凝土衬砌)造成景观质量的下降、建筑物对滨枣(即黑枣)等植物的影响等。为了保护生态环境,当地政府针对以上问题,采取了以下基本治理对策:移植芦苇防止外来物种侵入、向其他合适地区移植滨枣、有控制地进行河床疏挖、采用特殊堤防使遭受破坏的湿地面积最小、人工堤防的景观设计要与现有景观相和谐等。

(3)河漫滩、河岸带的修复。作为河流的主要结构,河漫滩与河岸带起着重要的作用。但人类开发、河流改造等,严重破坏了这两类有机结构,取而代之的是笔直的河道和零星的人工植被。河岸带的改变和河漫滩的消失造成了洪灾、水质恶化和生物多样性减少等问题,这也证明了修复河漫滩、河岸带的必要性和重要性。

(4)湿地的修复。衬砌河道、河流截弯取直等措施,虽然提高了防洪安全度,但却极大地缩小了河流多重有机结构(如湿地、深潭及浅滩等)的规模,甚至使其消失,因而河流自身的防洪功能得不到发挥。湿地作为河流生态系统的主要结构,在河流生物、景观多样性以及生态功能方面发挥着不可替代的作用。

2.2.5　河流生态系统修复的原则、方法与存在的问题

2.2.5.1　河流生态系统修复的原则

河流生态系统修复需要在遵循自然发展规律的基础上,借助人类的作用,考虑技术适用性、经济可行性和社会能够否接受的原则,使退化生态系统重新获得健康,是有益于人类生存与生活的生态系统重构或再生的过程。任海等认为生态修复的原则一般应包括自然法则、社会经济技术原则和美学原则三个方面。自然法则是生态修复与重建的基本原则,也就是说,只有遵循自然规律的修复重建才是真正意义上的修复,否则只能事倍功半。社会经济技术原则是生态修复重建的基础,在一定尺度上制约着修复重建的可能性、水平与深度。美学原则是指退化生态系统的修复重建应给人以美的享受。

(1)河流修复的基本原则。为适应河流管理的可持续发展,实现河流管理的“生态化”,河流修复必须不断减轻河流“压力”,不断改善河道、河岸带或河流走廊以及河滩地的结构和功能。Scheimei 等人提出河流生态系统修复必须遵循以下基本原则。

①河流生态学原则(River Ecological Principle)。河流生态系统修复必须以河流生态学理论为基础,如河流连续统理论、洪水脉冲理论与河流水系统理论等。各种方法的关键在于理解河流地形学、水文学与河流生态系统发展之间的关系。河流系统在地形、水文方面的长期变化会渐渐影响群落的各个组成,从而导致群落优势种、相关度和丰富度以及产量的大幅度改变。在此期间,若没有灾难性的种群变化,溪流的动植物群落将会不断发展、经历各种间断性干扰而存活下来。在受干扰的集水区内,由于环境条件发生了相当大的变化,非干扰集水区相关的高生物整体性和连通性也将会改变。因此,从河流生态学角度来讲,只有不断增加河流-河滩地之间的相互作用,才能改进河流沿岸的水文连通性和生态环境。

②生态系统/格局导向原则(Ecosystem/Process Oriented Principle)。河流生态系统修复应该在生态系统/格局水平上进行,应忽略生态系统边界的影响,对特定生境或具有特定物种的生境进行修复,不能仅仅以物种修复为中心。在历史上,不论是直接的还是间接的河流修复计划,多数都在保证其他生物生境的假设下,以渔业、商业为目标。但是,这样的修复计划是不可能成功的,因为生态修复需要整体规划思想来改善河流系统纵向和横向的连续性。如果河流功能连续性能被成功修复,那么生物多样性就会随之增加。

③自然原则(Let-alone Principle)。河流生态系统修复基本上应能促进河流的水文和地形方面的功能,即“让河流实现其价值”。这一原则要求一种综合方法,也就是说一种可模仿自然的最经济最有效的措施,这同样要求工作人员要对河流水文、地理和生态机能

有充分的理解,而且只有通过多学科合作的方法才能有效达到修复目标。目前,一些生境修复与改善方法正在实践阶段。

(2)河流修复的实践原则。笔者认为,在河流生态系统修复与重建实践中,以下具体原则对于河流生态系统修复与重建成功与否十分重要。

①多目标兼顾原则。河流是人类文明的发源地,已被认为是城市中最具生命力与变化的景观形态、最理想的生境走廊和最高质量的城市绿线。因此,拆除防洪工程并非河流生态系统修复的目标。河流生态系统修复规划必须以实现滨水区多重生态功能作为主导目标,在了解河流历史变化与河流系统内地貌特征之间相互关系的基础上预先掌握河流的变化,运筹帷幄,瞻前顾后,建立完善的河流生态系统来改善水域生态环境,实现河流生态系统的防风护城、提供亲水性与娱乐休闲场所和增加滨河地区土地利用价值等功能,从而充分发挥城市滨水区的生态作用,以适应现代城市社会生活多样性的要求。

②系统与区域原则。河流生态系统的形成和发展是一个自然循环(良性和恶性)、自然地理等多种自然力的综合过程。若不能从系统角度来改善河水流量、冲积物侵蚀、转运和沉积等有关功能,不能充分考虑上一级河流结构的规则,那么,即使对"自然化"河道进行生境结构改善,较低级的生态修复目标也可能很难实现。即使实现了,也可能是不可持续的。例如,对一条高度渠道化的河流进行乡土河岸带植被的修复往往是很难成功的。其原因在于其水生-陆生交替生境被严重损害,而且河岸带水流受到严重干扰,植被根本无法扎根生长。可见,物理生境的系统修复可以为景观生态改善和乡土动植物再植提供基础。从长远角度看,高层次的修复目标往往可以改善低层次的修复目标。因此,河流生态系统修复与重建规划不仅应服从上级流域规划与总体规划的要求,而且还应对上级规划中存在的不足和缺陷进行反馈与修改,以更好地实现整个流域系统功能的修复。

③资源保护的原则。河流生态系统功能发挥的好坏,很大程度上取决于河流水系与河岸带等结构是否完整。因此,河流生态系统要贯彻资源保护原则,保护两岸现有水系、湿地、漫滩以及河岸带等资源。

④景观设计生态原则。要依据景观生态学原理,保持河流的自然地貌特征和水文特征,保护生物多样性,增加景观异质性,强调景观个性和自然循环,构架区域生境走廊,实现景观的可持续发展。

⑤尊重自然、美学原则。在修复过程中,要在满足防洪的前提下,保留原河道的自然线形,运用自然材料和软式工程,强调植物造景,不主张完全人工化。更要避免截弯取直,防止留有大量的生硬的人工雕琢痕迹。

⑥可持续发展原则。河流生态系统中的生物多样性是河流可持续发展的基础。因此,河流生态系统修复规划应注重生物的引入与生境的营造,需要将目标物种与控制河流的基础地貌格局紧密联系起来,并充分理解它们之间的关系。"格局-形态-生境-生物"群落组成连续统一的整体,为河流修复明确了一种等级梯度结构,并暗含了上述有关河流生态机能的观点。

2.2.5.2 河流生态系统修复的方法

河流生态系统修复措施主要包含:工程措施,如生态堤岸、生态河道、越冬场、育幼场、人工湿地和人工产卵场、洄游通道,以及河道内增氧曝气等。生物措施,如动物生态修复措施、植物生态修复措施、生物增殖和放流技术等。综合措施，如微生物修复与生态河道、生态堤岸的结合，微生物修复与植物、动物修复的结合，河道内生态修复与河道外湿地修复的结合，生态、生物修复与保育、管理措施的结合，陆地水土保持、生态修复与河流生态系统修复的结合等。

2.2.5.3　河流生态系统修复存在的实际问题

尽管以上理论得到了人们的认可，但是，在修复的实践过程中，理论与实际常存在较大的差距，这主要是因为人们对河流生态系统认识的局限性。目前，如下观点尚存在较大争议。

(1)稳定静止观点。有些学者认为每条河流都具有稳定、静止的河道形态。但事实上，无论低地黏土溪流的极慢流动，还是高流量河道洪水期水流的快速冲刷，所有河流河道都在进行着实时变化。例如，干旱区或陡峭、湍急区段的一些河流自身稳定性较差，特大洪水来临时河道易被拓宽；在浅流年份和下一次特大洪水来临之间，被拓宽的河道又会逐渐变窄。

此外，立足于生态角度，这些学者还认为稳定河道优于不稳定河道。但是，上述洪水间隔干扰更有利于大多数河流系统中的乡土动植物区系，甚至是河道变化，其原因在于中度干扰可以丰富生物多样性。洪水消失后，自然状态下变化的流量被稳定、确定的流量所代替，这为大量外来鱼种提供了更便利的生境。如美国密西西比河 Garrison 大坝修建之后，河流下游河岸带植被的早期演替和开放的砾石鱼巢也基本消失殆尽。因此，动态河流具有更高的生态多样性，而且生态多样性主要受洪水冲刷漫滩的宽度和变化的影响。这样，河道的裁直、加宽与为防止河道迁移建设的防湾护墙都大大削弱了河流的生态功能。从生态学角度来看，一条静止的河流毫无价值，但是，在城市内人类常常被基础设施所约束，仅从人类角度出发来限制河流的活动。

(2)非过程作用观点。具有非过程作用观点的学者忽略了集水区过程河道修复形态的可持续性。但是，由于表型决定于功能，不考虑过程作用的修复很难实现可持续性。河流流量与沉积物的转运机制可以明确地被冲积河道(即河床与河岸由河流沉积物组成的河道)的形态与规模所反映，也就是自变量随河道几何形态变化(因变量)而变化的关系。若流量或沉积物负荷发生变化，河流形态将会随之发生变化。例如，冲积河道峰流量的增加会侵蚀河床与河岸，从而改变河道的大小。因此，修复河流与河道的先决条件是人们充分理解河流过程：即需要在流域尺度上来研究河流，而且需要掌握与当前河流状况类似的历史上河流的变化过程。

2.2.6　河流生态系统修复的实例分析

【实例1】　中国派河流域水环境生态修复工程

(1)派河发源于肥西县紫蓬山脉北麓周公山，上段为苦驴河，向北经张祠转向东至卫张大郢与梳头河汇流为派河，经上派河、中派河，于下派河注入巢湖，河道全长 60 km，流域面积 585 km^2。派河主要支流有苦驴河、孙老堰河、梳头河、五老堰河、岳小河、斑鸠堰河、王建沟、卞小河、潭冲河和光明大堰河等。现有小型水库 36 座，其中小(一)型 10 座、小(二)型 26 座。巢湖是我国五大淡水湖之一，具有防洪、灌溉、供水、航运、水产和旅游等多种功能，是合肥市、巢湖市等环湖城乡的重要水源地。派河为巢湖主要入湖支流之一，每年排入湖区的污染物对巢湖造成直接危害。

流域内水环境污染主要为污水处理厂尾水、农村面源污染及城市面源污染，其中农村面源污染包括农村生活污水、生活垃圾、农田尾水以及畜禽养殖污染。①污水处理厂尾水水量大，水质差，为派河严重的污染源。如经开区污水厂现状处理出水为一级A排放标准，水质为劣V类，由于污水处理厂尾水水质差、水量大，对下游水体造成严重污染，派河水质目标难以保证。②部分工业废水未经处理排入河道，对河流水质影响较大。如蜀山区小庙工业园污染源由于污水处理厂未建成，工业废水未经收集处理直接排入孙老堰河。③城市面源污染严重，初期雨水污染物浓度高。初期雨水部分污染指标明显高于旱流污水浓度，有些污染物(如BOD)的浓度与城市污水厂的进水水质相近。随着城市点源污染治理水平的提高，初期雨水污染已成为制约合肥水环境质量的主要因素。④流域内村庄未建设生活污水处理系统，污水直接排入河道，农村居民生活垃圾未做统一处理。⑤流域内畜禽养殖较为普遍，绝大多数未建设污水处理设施，养殖污水进入河道污染水体。

(2)修复工程简况。针对以上存在的问题，派河流域污染治理主要包括污水处理厂扩建及尾水提标工程、城市面源拦截及雨水调蓄工程、生活污水处理工程、生活垃圾处置工程、畜禽养殖污染治理工程、水环境综合整治工程、河道水质改善工程、水源涵养林建设以及在线监测等。具体措施有:污水处理厂扩建及尾水提标工程、城市面源拦截及雨水调蓄工程、生活污水处理工程、畜禽养殖污染治理工程和在线监测等。

(3)实施作用。①派河流域水环境治理及生态修复工程的实施，是派河流域和巢湖流域水环境治理的需要，是加快巢湖水质改善不可替代的保障措施，对实现环巢湖生态保护与修复项目的预期目标具有重要作用。②有助于修复或增加派河流域重污染河道生态基流，配合污染源治理，促进国控断面水质改善。③派河是引江济淮必经线路，通过派河流域水环境治理及生态修复工程的实施，有助于加快巢湖和派河水质改善，有助于保障济淮水质安全，对加快引江济淮实施有积极作用。

(引自《绿色科技》2016第7期)

【实例2】 慕尼黑伊萨河生态修复工程

(1)河流概况。伊萨河位于奥地利蒂罗尔州和德国巴伐利亚州境内，全长295 km，起源于卡尔文德尔山脉，流经慕尼黑等重要城市，最终向北注入多瑙河。伊萨河是一条典型的阿尔卑斯山脉河流，有着大面积的卵石岛屿、石滩以及不断变道的河床。19世纪中叶，因常年洪水灾害，慕尼黑河段被截弯取直，通过运用堤坝、洪泛平原、防洪墙、拦河坝系统以及运河，使水力资源得以开发。但过度的水力开发使得伊萨河水位持续下降，直接导致了慕尼黑地区航运的衰败。到了20世纪，慕尼黑市内的河段更像是一条被硬质化的水渠，完全失去了其原有的面貌；不断增高的河堤和两侧陡峭的水泥堤防则使伊萨河变得难以亲近，渐渐无人问津。

(2)工程概况。巴伐利亚州水务局起草了“伊萨河计划”，和来自建设局、城市规划和建筑规范部门以及健康与环境部门的代表组成了跨学科的合作团队。项目团队对沿河防洪状况、滨水游憩空间需求以及区域动植物资源和栖息地的情况进行调查后，将项目区段确定为从慕尼黑市区南端至博物馆岛长8 km的流域。经过一系列的研讨会，并结合现场勘察与民调的结果,项目组制定了以下目标:①提高防洪能力;②构建自然化的河流景观;③提供优质的游憩空间。2000 年市议会正式通过该项目草案,并于同年 2 月开始施工。

(3)修复手段。①河床去硬质化即凿开水泥加固的梯形河道并除去硬质防护。②缓坡替代滚水堰增加缓坡系统的稳定性,在提供防洪功能的同时也能防止河床被深度侵蚀。③引入水体沉积物。水体中的沉积物多会被上游的大型水坝阻挡而难以传输至慕尼黑,导致项目河段水体缺少自然沉积,河流结构难有新的发展。项目在伊萨河堆起人造砂石,有目的性地引入水体沉积物,到下次洪水到来的时候它们会继续传输,为下游河床的发展提供原料。④引入阻流因素。大型的石块和朽木作为阻流因素被额外引入,部分埋入河岸或通过钢索和栓固定在河床,以达到稳定周边区域和控制水流的效果。

(引自《城市河流景观的自然化修复》,2014)

2.3 湖泊生态系统的修复

地球上所有的水资源中,淡水和淡水湖泊所占比例不到水资源总量的 0.02%,但即便如此,淡水湖仍然是世界上许多地区最重要的水资源,例如湖泊可提供饮用、灌溉和景观用水,还可进行划船、游泳和垂钓等娱乐活动。湖泊具有很高的生物多样性,而且是许多陆生动物和水鸟的食物来源。

我国现有湖泊约 2 万个,水面面积大于 1 km^2的天然湖泊接近 2 700 个,其中大于 10 km^2的湖泊 600 多个,湖泊总蓄水量 7 000 多亿 m^3。同时,我国还有 8 万余座水库,总库容 4 130 亿 m^3。我国湖泊(水库)水资源总量约 6 380 亿 m^3,可开发利用量是地下水的 2.2 倍,占全国城镇饮用水水源的 50% 以上,湖泊和水库为我国城市提供了大部分的水。

表 2.1 中绘制出了中国面积大于 1 km^2的湖泊数量和面积统计。

表 2.1 中国面积大于 1 km^2的湖泊数量和面积统计

	>1 000 /km^2	500~1 000 /km^2	100~500 /km^2	50~100 /km^2	10~50 /km^2	1~10 /km^2	数量合计 /个	面积合计 /km^2
西藏自治区	2	5	50	57	185	534	833	28 616.9
青海省	1	5	18	13	53	132	222	13 214.9
内蒙古自治区	1	1	6	3	31	353	395	6 151.2
新疆维吾尔自治区	1	3	7	5	24	68	108	6 236.4
宁夏回族自治区					2	3	5	38.7
甘肃省					2	1	3	49.1
陕西省					1	1	2	44.2
山西省				1			1	70.3
云南省			3	2	6	20	31	1 115.2

续表 2.1

	>1 000 /km²	500 ~ 1 000 /km²	100 ~ 500 /km²	50 ~ 100 /km²	10 ~ 50 /km²	1 ~ 10 /km²	数量合计 /个	面积合计 /km²
贵州省					1		1	24.3
四川省					1	32	33	100.7
黑龙江省	1		3	4	35	200	243	3 241.3
吉林省			2	1	18	160	181	1 402.8
辽宁省				1			1	55.6
北京市						1	1	2.0
上海市				1		1	2	60.6
天津市					2	1	3	66.4
河南省					1		1	11.7
河北省					3	16	19	146.7
江西省	1		1	3	9	41	55	3 882.7
安徽省		1	9	4	16	74	104	3 426.1
湖南省	1			2	14	100	117	3 355.0
湖北省			4	2	39	143	188	2 527.2
山东省		1	1			7	9	1 105.8
江苏省	2	1	5	2	12	77	99	6 372.8
浙江省					1	31	32	80.2
广东省						1	1	5.5
台湾省						3	3	10.3
数量合计	10	17	109	101	456	2 000	2 693	
面积合计/km²	22 711.8	11 807.6	22 989.4	7 243.6	10 297.8	6 364.4		81 414.6

世界上大部分湖泊比较小,而且水较浅。浅水湖和深水湖在营养物负荷、营养结构等许多方面都有所不同。它们之间最基本的不同点是:夏天深水湖常常出现温度分层现象,而浅水湖没有此类现象。由于深水湖上层水的温度高、深层水的温度低,会形成温跃层,这将阻碍水与悬浮物的相互混合;浅水湖没有温跃层,水和水中沉积物可以相互混合,营养物循环很快。此外,浅水湖能够增加食物链中各类生物之间的相互作用,如鱼类以浮游动物为食,可能使大型水生植物和苔藓增加;但在深水湖的岸边,光照、波浪乃至水压等因素都限制了大型水生植物的生长。浅水湖和湿地中的大型沉水植物为水鸟及其他动物提供了良好的栖息环境和丰富的食物,是整个生境结构和功能的基础。由于受人类活动的影响较大(农业沥水或营养输入),浅水湖更为敏感。

图2.5展示了有水鸟栖息的浅水湖。

图2.5　有水鸟栖息的浅水湖

20世纪50年代,英国、美国和澳大利亚等国开始对矿业废弃地的生态进行修复实践,这是受损生态系统修复工作的开端。

湖泊生态系统修复工作的最早尝试始于20世纪60年代,1976年美国EPA开始资助湖泊生态系统修复工作,并于1980年正式开始"Lake Clean Program"计划,到1987年该计划共支持362个湖泊生态系统修复项目。此后,欧洲国家也先后开展了湖泊治理项目。

20世纪90年代,我国开展了湖泊生态系统修复实践,如"中国湖泊生态系统修复工程及综合治理技术研究"。我国先后在太湖、洱海、滇池、巢湖和于桥水库等湖泊(水库)开展了不同程度的研究和工程实践。

2.3.1　湖泊的类型与特点

2.3.1.1　湖泊的类型

在一定环境地质、物理、化学和生物过程的共同作用下,湖泊经历了形成、演化成熟直至最终死亡的过程。因此,湖泊类型和湖泊环境具有显著的地域特点。

世界湖泊根据湖盆成因分类主要有:

(1)火山湖,火山成因的湖泊规模相对较小,但水深较大,如我国的五大连池。

(2)构造湖,地壳活动形成的构造断陷湖通常规模和水深较大,如洱海。

(3)冰川湖,冰川作用形成的湖泊。

(4)壅塞湖,断陷构造与地震滑坡共同形成的。

(5)水库,由筑坝拦截形成的大型人工湖泊。

(6)河流成因的湖泊,这类湖泊的亚种比较多,主要又分侧缘湖、泛滥平原湖、三角洲湖和瀑布湖等,我国长江中下游的大量湖泊均属于此类。

此外,还有风成湖、溶蚀湖和海岸过程形成的湖泊等。

2.3.1.2　湖泊的特点

(1)湖泊热平衡和水体季节性分层。

具有较大水深的湖泊和水库由于水体中热量传递不均匀而出现季节性的温度分层现象,季节性水体分层是湖泊区别于河流等强水动力环境的重要特征。

水体温度分层结构的交替发展,控制着湖泊(水库)中水体的交换过程,使水的化学性质也出现相应的分布变化,如图 2.6 所示。

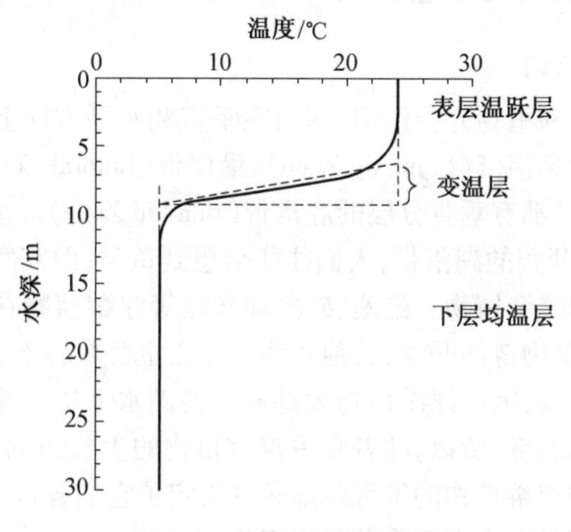

图 2.6　温度随水深的变化

夏季湖水分层期间,表层透光层浮游植物(藻类)的光合作用放出 O_2,因而上层水体中溶解氧可能过饱和;反之,下层水体中,由于呼吸作用和有机质降解作用相对较强,水体中溶解氧因此被消耗。水体分层能有效控制上、下水团的交换,逐渐形成水体溶解氧的分层结构。

在初级生产力高的富营养化湖泊(水库)中,下层有机质的矿化分解和表层透光层强烈的光合作用,随水体温度结构的发展可形成非常显著的溶解氧深度跌落分布。而在寡营养湖泊中,由于生物作用较弱,即使水体温度显著分层,下层水体溶解氧也不会有明显跌落。

(2)湖泊水文和湖流循环性质。

地表径流是外流湖泊的主要水量补给源,湖泊水位变化受制于河川水情,如我国鄱阳湖出、入湖径流量占全湖水量总收支的 90% 以上。

全部湖水交换更新一次需要的时间称为换水周期。

湖水运动包括湖流、风浪、风涌水、表面定振波和湖水混合等现象。湖泊水体运动的主要驱动因素是湖面气象因素及河湖水量交换,气象因素中风起主导作用。

湖流:主要指湖泊中水团按一定方向前进的运动,又分为风生流、重力流和密度流。

湖泊定振波:是由于风力、气压突变和地震等原因形成的一种波长与湖泊长度为同一量级的长波运动,是湖泊中经常存在的一种周期性振荡的水动力现象。

风浪:由于风作用于湖面所产生的一种水质点周期性起伏的运动,风浪的产生和消失取决于风速、风向、吹程、持续时间和水深等因素。

风涌水:是指在强风或气压骤变时引起的漂流,是湖水迎风岸水量聚集,水往上涨,而湖泊背风岸水位下降。

湖水混合:湖中水分子或水团在不同水层之间相互交换的现象。在湖水混合过程中,湖泊不同水团之间的热量、动量、质量及溶解质按梯度趋势发生改变,使湖水理化性状在垂直及水平方向上趋于均匀。

2.3.2 湖泊的结构与生态功能

2.3.2.1 湖泊的结构

由于光的穿透深度和植物光合作用,湖泊在垂直和水平方向上均具有分层现象。水平分层可将湖泊区分为湖沼带(Limnetic Zone)、沿岸带(Littoral Zone)和深水带(Profundal Zone)。沿岸带和深水带都有垂直分层的底栖带(Benthic Zone)。

(1)湖沼带。谈到开阔的湖沼带,人们往往会想到鱼类,但其实湖沼带的主要生物并非鱼类而是浮游动物和浮游植物。鼓藻、硅藻和丝藻等浮游植物在开阔水域进行光合作用,它们是整个湖沼带食物链的开端,其他生物的存亡主要取决于它们。光照决定着浮游植物所能生存的最大深度,因此浮游植物大都分布在湖水上层。浮游植物可通过自身生长影响日光射入水中的深度,所以,随着夏季浮游植物的生长,它们的生存深度随之逐渐变小。在透光带内各种浮游植物的发育最适条件决定了它们各自所在的深度。浮游动物因其有独立运动能力而常常表现出季节分层现象。

在春季和秋季的湖水对流期,浮游生物常随水下沉,而湖底分解所释放出的营养物则被带到营养物极度缺乏的水面。春季当湖水变暖、开始分层时,营养和阳光不再缺失,浮游植物因此会达到生长旺盛期,此后随着营养物的耗尽,浮游生物种群数量会急剧下降,在浅水湖区最为明显。

湖沼带的自游生物(Nekton)主要是鱼类,其分布主要受食物、氧含量和水温等因素的影响。湖鳟在夏季迁移到比较深的水中生活;大嘴鲈鱼、狗鱼等鱼类则不同,它们在夏季常分布在温暖的表层水中,因为那里的食物最丰富,冬季则回到深水中生活。

(2)沿岸带。在湖泊和池塘边缘的浅水处生物种类最丰富。这里的优势种属植物是挺水植物,植物的数量及分布依水深和水位波动而不尽相同。浅水处有苔草和灯芯草,稍深处有芦苇和香蒲等,还有慈姑和海寿属植物也与其一起生长。再向内就形成了一个浮叶根生植物带,主要植物有百合和眼子菜。虽然这些浮叶根生植物根系不太发达,却具有很发达的通气组织。随水深进一步增大,浮叶根生植物无法继续生长,就会出现沉水植物。常见种类是轮藻和某些种类的眼子菜,这些植物缺乏角质膜,叶多裂呈丝状,可直接从水中吸收气体和营养物。

沿岸带可为整个湖泊提供大量有机物质。在挺水植物和浮叶根生植物带生活着各类动物,如原生动物、海绵、水螅和软体动物;昆虫则包括蜻蜓、潜甲和划蝽等,后两者在潜水下寻觅食物时可随身携带大量空气。各种鱼类如狗鱼和太阳鱼都能在挺水植物和浮叶根生植物丛中找到食物和安全的避难所。太阳鱼灵巧紧凑的身体很适合在浓密的植物丛中自由穿行。

(3)深水带。深水带中的生物种类和数量不仅受来自湖沼带的营养物和能量供应的影响,而且也取决于水温和氧气供应。在生产力较高的水域,氧气含量可能成为一种限制因素,这是因为分解者耗氧量较多,因而好氧生物难以生存。深水湖深水带在体积上所占的比例要大得多,因此湖沼带的生产量相对较低,其中的分解活动也难以把氧气完全耗尽。一般来说,只有在春秋两季的湖水对流期,湖水上层的生物才会进入深水带,提高这里的生物多样性。

容易分解的物质在向下沉降的过程中会通过深水带,常常有一部分会被矿化,而其余的有机碎屑或生物残体则沉到湖底,它们与被冲刷进来的大量有机物一起构成了湖底沉积物,形成了底栖生物的栖息地。

(4)底栖带。深水带下面的湖底氧气含量非常少,而湖底软泥具有很强的生物活性。由于湖底沉积物中氧气含量极低,因此厌氧细菌是生活在那里的优势生物。但是在无氧条件下,很难将物质分解到最终的无机物,当沉到湖底的有机物数量超过底栖生物所能利用的数量时,它们就会转化为富含甲烷和硫化氢的有臭味腐泥。因此,只要沿岸带和湖沼带的生产力很高,深水湖湖底的生物区系就会比较贫乏。而具有深层滞水带(Hypolimnion)的湖泊底栖生物往往较为丰富,因为这里并不太缺氧。此外,随着湖水变浅,水中透光性、含氧量和食物含量都会增加,底栖生物种类也会随之增加。

2.3.2.2　湖泊的生态功能

湖泊和池塘是被陆地生态系统包围的水生生态系统,因此来自周围陆地生态系统的输入物对湖泊有着重要影响。各种营养物和其他物质可沿着地理的、生物的、气象的和水文的通道穿越生态系统的边界。捕食食物链和碎屑食物链是能量和各种营养物在湖泊及池塘中迁移的途径。

湖沼带的初级生产主要靠浮游植物,而沿岸带的初级生产则主要靠大型植物。水中营养物的含量是影响浮游植物生产量的主要因素。浮游生物的生物量和浮游生物生产量之间存在一种线性关系:即当营养物不受限制、呼吸又是唯一损失时,净光合作用率就会很高,生物累积量也会随之增加;当营养不足时,生物呼吸率和死亡率都会增加,这样就会使净光合作用和生物量减少。但在生物量积累不多、营养物也不充足的情况下,只有浮游动物的取食强度很大,细菌分解活动很活跃,净光合作用率才会很高。

大型水生生物对湖泊的生物生产量也具有重大贡献。浮游动物、浮游植物、细菌和其他消费者通常是从底泥中和水体中摄取营养的,春季浮游植物会将湖沼带里的氮、磷耗尽,它们死后沉积于湖底,同时分解作用将会减少颗粒状态的氮、磷物质,增加溶解态氮、磷的含量。随着夏季浮游植物数量的下降,颗粒态和溶解态的氮、磷物质的含量均会增加。但磷会主要存在于湖下滞水层中,因而浮游植物无法利用,直到秋季湖水开始对流,上述情况才会被打破。大型植物也可使以上情况有所改变,它们能使磷从沉积物进入水体,再被浮游植物所利用。沉积物中73%的磷被大型植物所吸收利用,其中很多最终都转化为可被浮游植物利用的磷。

此外,以浮游植物为食的浮游动物对营养物的再循环也起着十分重要的作用,营养物主要为氮和磷。各种不同大小的浮游动物所取食浮游植物的大小也不同,浮游植物群落的组成成分和大小结构取决于优势浮游植物的大小。反过来,其他动物又以浮游动物为食,如昆虫幼虫、甲壳动物和小刺鱼等。脊椎动物和无脊椎动物均以浮游生物为食,但前者可以捕食后者,同时前者也会成为食鱼动物的食物。

可见,湖泊食物网中每一个营养级的生物生产力受制于湖泊各物种之间的相互关系。就整个湖泊食物网而言,通常在种群密度适中时,才能达到最大生产值。

图 2.7 展示了湖泊(水库)水体氧化还原界面概念图。

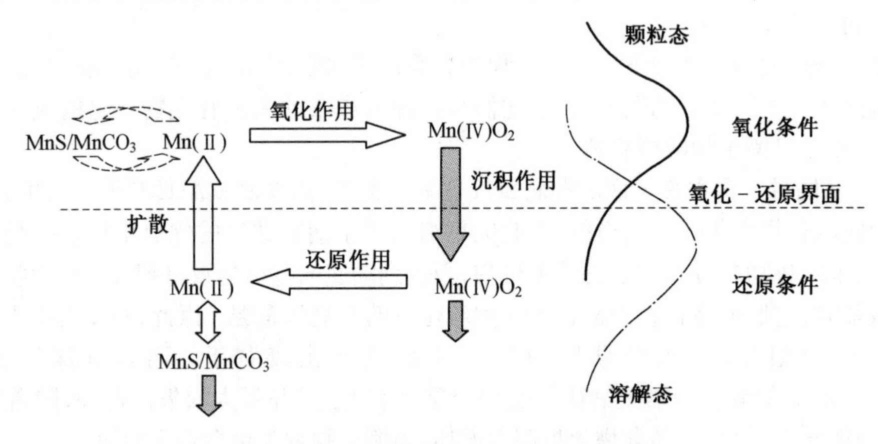

图 2.7 湖泊(水库)水体氧化还原界面概念图

2.3.3 人类活动对湖泊的影响

人类的活动会极大程度地影响一个原始的天然湖泊。随着第一批居民在湖边定居和第一个娱乐项目在湖上展开,湖泊便随着人类的活动开始演变。一个原本是贫营养的湖泊,会由于下水道和排水装置在湖区安装而导致湖水中的营养物含量明显增加。原来生活在湖中的藻类密度并不大,每 500 g 湿重组织所含的氮、磷、碳含量的比值为 1 : 7 : 40。如果一个湖泊中氮和碳足够而只是缺磷的话,只增加磷的含量就会刺激藻类生长;如果缺氮,只补给氮也能获得同样的效果。通常大多数贫营养湖所缺少的是磷而不是氮,因此只要补给适量的磷就能大大促进其中藻类的生长。随着湖泊中营养物的逐渐增加,湖泊就开始了一个从贫营养化向富营养化过渡的过程,即湖泊的富营养化过程。

湖泊富营养化是指氮、磷等营养物质大量进入水体,浮游植物成为优势种属而导致水生生态系统的结构被破坏以及功能异常化的过程。湖泊富营养化导致水体的透明度降低、溶氧下降、水质恶化、鱼类及其他生物大量死亡。人类活动对湖泊富营养化的影响较大,如农田沥水携带营养物流入湖泊,污、废水未经处理排入湖泊等。从 20 世纪 70 年代开始,虽然欧洲、北美以及其他工业化国家中工业污水排放对湖泊的营养负荷明显减少,但由于生活污水、农业废水的无组织排放,其他发展中国家或地区工业污水简单处理后便排放,加剧了富营养化程度,湖泊富营养化已成为全球性环境问题之一;淡水水质的恶化和淡水需求量的增加已经成为尖锐的矛盾。据调查,中国湖泊普遍受到氮、磷等营养物的污染,1996 年全国有 80% 的湖泊总氮、总磷超标,16 个被调查湖泊有 8 个耗氧有机物超标,且情况仍在恶化,湖泊的治理成了当务之急。

有机有毒物质进入湖泊也是引起湖泊污染的问题之一。从污染源上来讲,有如下常见的污染源。

(1)农药及农业废弃物:有机氯农药、有机磷农药、有机硫农药和含汞或含砷的农药等。

(2)工业污染源:包括工业生产的"三废"排放,以及生产过程的有机物泄漏。

(3)生活用煤和燃气的燃烧:可产生多种脂肪烃、芳香烃和杂环化合物。

(4)生活污水及生活垃圾填埋。

湖泊水库中有毒有机污染物的迁移过程主要有以下两类。

(1)一些改变化合物结构的过程:如光降解过程、化学转化过程等。

(2)不改变化合物化学结构的作用:如随水介质的迁移和混合作用、挥发性物质的水—气交换过程、凝聚颗粒沉降过程等。

湖泊水库中有毒有机污染物的转化分为以下三类。

(1)物理转化:蒸发、渗透和凝聚过程。

(2)化学转化:水解和光化学降解过程。

(3)生物迁移和生物转化:有毒有机污染物通过水生食物链,低剂量、长周期的持续毒性作用,将对湖泊水库环境造成极大损害。

湖泊的酸化:20世纪50年代以来,世界范围内出现大范围大气酸性降水,许多工业国家受到酸雨的严重危害。化石燃料产生的SO_2、NO被氧化后产生硫酸和硝酸,通过湿沉降或干沉降进入水体。矿山废物中的黄铁矿及其他含硫矿物暴露于空气和水中,在铁细菌和硫细菌的催化作用下发生氧化反应而产生酸。

当湖泊水体的pH小于5.6时,水体与空气中二氧化碳平衡,水体呈酸化状态。鱼类生长的最适合pH范围是5~9;pH在5.5以下鱼类生长受阻碍,产量下降;pH在5以下,鱼类生殖功能失调,繁殖停止。酸雨直接导致许多鱼类在湖泊中消失。

在酸性条件下沉积物和土壤中有毒重金属元素被活化,直接造成湖泊水环境中重金属浓度升高,影响湖泊中的生物活性。

此外,由于湖泊含有大量的水,并且其补给迅速,所以很多湖泊都被用来进行城市供水和农田灌溉。亚洲的咸海(实际是一个大湖)曾因农田灌溉导致其水位下降了9 m,预计还可能持续下降8~10 m,约相当于使湖水水量减少一半。湖岸周围暴露出的湖底几乎已变为荒漠,一度兴旺发达的渔业也荡然无存。美国Mono湖也因湖水利用而使湖面面积缩减了三分之一,湖水咸度大为增加,威胁着当地居民的生活和大量迁徙鸟类在湖中的栖息。

2.3.4　湖泊生态系统修复的基本原理

2.3.4.1　湖泊反馈机制

许多有关湖泊富营养化的经验方程和数据均表明,大多数湖泊营养负荷和生态系统环境条件之间存在简单线性关系,但也有例外。尤其对于浅水湖而言,当湖泊营养负荷达到某临界点时,湖泊会突然跃迁到浑浊状态。但是,许多研究者发现在营养负荷累积初期,湖泊内存在不可忽视的跃迁阻力,这些阻力可能是系统内某些反馈机制作用的结果,其中,生物反馈机制较为重要。例如,湖泊底部表面沉积物上的某些未吸附位点可以吸附水体的磷,发生营养物滞留,减缓或阻碍湖水营养物累积。

2.3.4.2 优势大型植物缓冲机制

在浅水湖中,大型沉水植物可以通过以下方式减缓富营养作用:

(1)营养负荷增加时,大型沉水植物的生物量会增加,固定营养物的能力得以提高,因此使得夏天浮游植物可利用的营养物减少。

(2)沉水植物的增加会减少沉积物的再悬浮,从而减少了再悬浮过程中所释放的营养物。

(3)一些实验表明,如果沉水植物的根和植物体表面积很大,那么会促进脱氧作用,减少湖水中氮的含量。

(4)浮游植物的光合作用受沉水植物遮蔽作用的影响,所以浮游植物数量会随之改变。

除上述有关影响光照、减少营养物等直接作用外,沉水植物净化水质的功能还包括一些间接作用。例如,在总磷浓度不变的条件下,沉水植物覆盖率高的湖泊更清澈,这主要是因为沉水植物的间接作用。首先,沉水植物可以通过减少波浪的冲击力来促进沉积物的沉积并减少沉积物的再悬浮。这样,由风引起沉积物再悬浮的浅水湖,其透明度更高一些。其次,沉水植物通过对鱼类群落结构的影响也可以减少沉积物的再悬浮。例如,深水鱼类寻找食物时会搅动沉积物,这实际上增加了营养物和悬浮沉积物的浓度。这些深水鱼在大型植物少的湖中很多,但在大型植物多的湖中却很少,大型植物多的湖中主要是鲤科淡水鱼和红眼鱼。第三,大型沉水植物能释放某些化学物质,抑制浮游植物的生长,从而使得大型沉水植物多的湖泊特别清澈。

大型植物会间接地影响鱼类和无脊椎动物,对浮游动物最为明显,因而对浮游植物也会产生一连串的影响。首先,大型植物有利于食肉性鱼类的存在,而不利于以浮游动物为食的鱼类的生存。其次,在富营养的湖中,白天,大型植物为浮游动物提供了避难所,使它们能避免鱼类的捕食及夏天过强的光照。夜晚,当被捕食的危险降低时,浮游动物便会进入开放水域中。大型植物的这种避难所功能,增加了浮游动物对浮游植物的取食,有利于增加水体透明度,改善自身的生长条件。第三,在生活早期阶段,蚌类必须依赖大型沉水植物生存,它们对浮游植物的捕食,也会大大增加浅水湖的透明度。第四,一些与大型植物伴生的甲壳类动物会抑制浮游动物的生物量。

目前,研究人员对浮游植物增加、大型植物减少是否与富营养化有关仍存在争议。一种观点认为营养负荷增加会导致浮游植物和附生植物加速生长,沉水植物的光合作用减弱,并使沉水植物最终衰老死亡,使得营养物从增加的浮游植物中释放出来。另外一种假设认为鱼类数目增大,浮游植物和附生植物的生长因鱼类对浮游动物的捕食而被刺激,从而对大型沉水植物造成影响。这样,总磷含量间接地甚至直接地成了富营养化的启动因素。此外,其他一些因素也会影响沉水植物生存,包括水鸟、捕食、水质、冬天鱼类捕杀以及春季天气条件变动等。

2.3.4.3 化学作业机制

在某些时候,湖泊总磷负荷已经降到足够低,但富营养化状态仍未得以改变。此时,降低营养负荷的限制因素可能是化学过程:营养负荷高时,湖泊底部沉积物聚集了大量的磷,形成一个营养库(磷的内部负荷),因此磷浓度仍保持很高,这种释放过程需要几年时间才能结束。

目前,许多湖泊中来自外部的营养负荷已经显著降低,主要是因为人为废水处理的情况得以改善。随着营养负荷的改变,一些湖泊能够迅速对其产生响应,而进入清水状态;但有些湖泊反应却很不明显,这是由于这些湖泊内营养物的减少程度不足以使湖泊自身启动富营养化修复过程。例如,在生物群落和水交换频繁的浅水湖中,只有在总磷(TP)浓度降到0.05 ~0.1 mg/L以下时,才有可能达到清水状态。

营养负荷的升高和降低都会出现限制条件,两种状态的转换平衡是在中营养水平阶段发生的。众理论研究和多数据发现,两种状态转换的决定性因素是营养负荷改变开始前的状态和当前的营养水平(营养水平越低,出现清水状态的可能性越高),但人们对与营养水平相关的营养状态何时发生仍有争论。从Danish湖转换的经验来看,两种状态交替出现在总磷浓度0.04 ~0.15 mg/L时。另外,对于被废水严重影响的湖泊,由于周期性的高pH和高好氧均能使鱼类等死亡,因此会出现人为的清水状态。此外,水深和水温也起一定的作用。

有毒有机物质在湖泊中的迁移、转化等主要过程如图2.8所示。

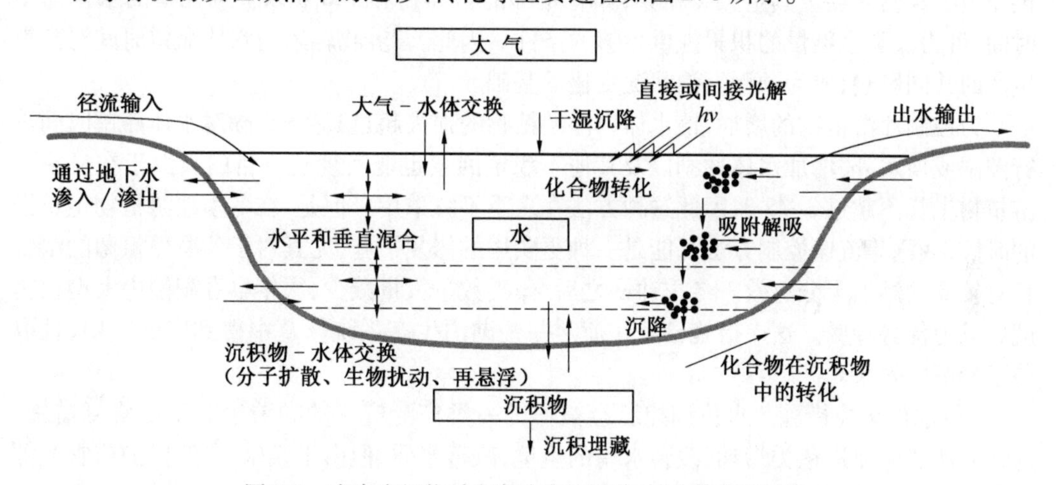

图2.8 有毒有机物质在湖泊中的迁移、转化等主要过程

2.3.4.4 生物作用机制

在某种程度上,生物间的相互作用也会影响湖泊磷负荷及其物理化学性质。例如,底栖鱼类和浮游鱼类间的相互作用:肉食性鱼类的持续捕食,阻碍了大型食草浮游动物的出现,而水质能够显著地被这些食草浮游动物所改善,主要是由于其能减少底栖动物的数量及氧化沉积物。此外,鱼类对沉积物的扰动、底栖鱼类的排泄物会加重湖水浑浊程度;这样,光照强度被减弱,阻碍了沉水大型植物的出现和底部藻类的生长,从而使得湖泊保持较低的沉积物保留能力。

食草性水鸟(如白骨顶和哑天鹅)的取食,使大型沉水植物的繁殖被推迟,这也是一种生物限制因素。在沉水植物的指数生长阶段,植物的生长速度与水鸟的捕食速度相比是略高的。然而,在冬天水鸟对块茎、鳞茎的取食相对较少,主要以植物为食。因此,可以通过水鸟的迁徙减少次年的植物密度,增加营养浓度。

2.3.5 湖泊生态系统修复的生态调控

2.3.5.1 湖泊生态系统修复的生态调控措施

治理湖泊的方法有物理方法如机械过滤、疏浚底泥和引水稀释等;化学方法如杀藻剂杀藻等;生物方法如放养鱼等;物化法如木炭吸附藻毒素等。各类方法的主要目的是降低湖泊内的营养负荷,控制过量藻类的生长,均取得了一定的成效。

(1)物理、化学措施。在控制湖泊营养负荷实践中,研究者已经发明了许多方法来降低内部磷负荷,例如通过水体的有效循环,不断干扰温跃层,该不稳定性可加快水体与DO(溶解氧)、溶解物等的混合,有利于水质的修复;削减浅水湖的沉积物,采用铝盐及铁盐离子对分层湖泊沉积物进行化学处理,向深水湖底层充入氧或氮。

(2)水流调控措施。湖泊具有水"平衡"现象。它影响着湖泊的营养供给、水体滞留时间及由此产生的湖泊生产力和水质。若水体滞留时间很短,如在10 d以内,藻类生物量不可能积累;水体滞留时间适当时,既能大量提供植物生长所需营养物,又有足够时间供藻类吸收营养促进其生长和积累;如有足够的营养物和100 d以上到几年的水体滞留时间,可为藻类生物量的积累提供足够的条件。因此,营养物输入与水体滞留时间对藻类生产的共同影响,成为预测湖泊状况变化的基础。

为控制浮游植物的增加,使水体内浮游植物的损失超过其生长,除对水体滞留时间进行控制或换水外,增加水体冲刷以及其他不稳定因素也能实现这一目的。由于在夏季浮游植物生长不超过3 ~5 d,因此这种方法在夏季不宜采用。但是,在冬季浮游植物生长慢的时候,冲刷等流速控制方法可能是一种更实用的修复措施,尤其对于冬季藻氰菌的浓度相对较高的湖泊十分有效。冬季冲刷之后,藻类数量大量减少,次年早春湖泊中大型植物就可成为优势种属。这一措施已经在荷兰一些湖泊生态系统修复中得到广泛应用,且取得了较好的效果。

(3)水位调控措施。水位调控已经被作为一类广泛应用的湖泊生态系统修复措施。这种方法能够促进鱼类活动,改善水鸟的生境,改善水质,但由于娱乐、自然保护或农业等因素,有时对湖泊进行水位调节或换水不太现实。

由于自然和人为因素引起的水位变化,会涉及多种因素,如湖水浑浊度、水位变化程度、波浪的影响(风速、沉积物类型和湖的大小)和植物类型等,这些因素的综合作用往往难以预测。一些理论研究和经验数据表明水深和沉水植物的生长存在一定关系。即,如果水过深,植物生长会受到光线限制;反之,如果水过浅,频繁的再悬浮和较差的底层条件,会使得沉积物稳定性下降。

通过影响鱼类的聚集,水位调控也会对湖水产生间接的影响。在一些水库中,有人发现改变水位可以减少食草鱼类的聚集,进而改善水质。而且,短期的水位下降可以促进鱼类活动,减少食草鱼类和底栖鱼类数量,增加食肉性鱼类的生物量和种群大小。这可能是因为低水位生境使受精鱼卵干涸而令其无法孵化,或者增加了被捕食的危险。

此外,水位调控还可以控制损害性植物的生长,为营养丰富的浑浊湖泊向清水状态转变创造有利条件。浮游动物对浮游植物的取食量由于水位下降被增加,改善了水体透明度,为沉水植物生长提供了良好的条件。这种现象常常发生在富含营养底泥的重建性湖泊中。该类湖泊营养物浓度虽然很高,但由于含有大量的大型沉水植物,在修复后一年之内很清澈,然而几年过后,便会重新回到浑浊状态,同时伴随着食草性鱼类的迁徙进入。

(4)大型水生植物的保护和移植。由于藻类和水生高等植物同处于初级生产者的地位,二者相互竞争营养、光照和生长空间等生态资源,所以水生植物的组建及修复对于富营养化水体的生态修复具有极其重要的地位和作用。

围栏结构可以保护大型植物免遭水鸟的取食,这种方法可以作为鱼类管理的一种替代或补充方法。围栏能提供一个不被取食的环境,大型植物可在其中自由生长和繁衍。此外,白天它们还能为浮游动物提供庇护。这种植物庇护作为一种修复手段是非常有用的,特别是在小湖泊和由于近岸地带扩展受到限制或中心区光线受到限制的湖泊更加明显,这是因为水鸟会在可以提供巢穴的海岸区聚集。在营养丰富的湖泊中植物作为庇护场所所起的作用最大,因为在这样的湖泊中大型植物的密度是最高的。另外,植物或种子的移植也是一种可选的方法。

(5)生物操纵与鱼类管理。生物操纵(Biomanipulation)即通过去除浮游生物捕食者或添加食鱼动物降低以浮游生物为食鱼类的数量,使浮游动物的体型增大,生物量增加,从而提高浮游动物对浮游植物的摄食效率,降低浮游植物的数量。生物操纵可以通过许多不同的方式来克服生物的限制,进而加强对浮游植物的控制,利用底栖食草性鱼类减少沉积物再悬浮和内部营养负荷。生物管理 Czech 实验中用削减鱼类密度来改善水质、增加水体的透明度。Drenner 和 Hambright 认为生物管理的成功例子大多是在水域面积 25 hm^2($1\ hm^2=10^4 m^2$)以下及深度 3 m 以下的湖泊中实现的。不过,有些在更深的、分层的和面积超过 1 km^2 的湖泊中也取得了成功。

引人注目的是,在富营养化湖中,当鱼类数目减少后,通常会引发一连串的短期效应。浮游植物生物量的减少改善了透明度。小型浮游动物遭鱼类频繁的捕食,使叶绿素/TP 的比率常常很高,鱼类管理导致营养水平降低。

成功在浅的分层富营养化湖泊中进行的实验中,总磷浓度大多下降 30% ~50%,水底微型藻类的生长通过改善沉积物表面的光照条件,刺激了无机氮和磷的混合。由于捕食率高(特别是在深水湖中),水底藻类浮游植物不会沉积太多, 低的捕食压力下更多的水底动物最终会导致沉积物表面更高的氧化还原作用,这减少了磷的释放,进一步刺激加快了硝化-脱氮作用。此外,底层无脊椎动物和藻类可以稳定沉积物,因此减少了沉积物再悬浮的概率。更低的鱼类密度减轻了鱼类对营养物浓度的影响。而且,营养物随着鱼类的运动而移动,随着鱼类而移动的磷含量超过了一些湖泊的平均含量,相当于 20% ~30% 的平均外部磷负荷,这相比于富营养湖泊中的内部负荷还是很低的。

最近的发现表明,如果浅的温带湖泊中磷的浓度减少到 0.05 ~0.1 mg/L 以下并且超过 6 ~8 m 水深时,鱼类管理将会产生重要的影响,其关键是使生物的结构发生改变。通常生物结构在这个范围内会发生变化。然而,如果氮负荷比较低,总磷的消耗会由于鱼类管理而发生变化。

(6)适当控制大型沉水植物的生长。虽然大型沉水植物的重建是许多湖泊生态系统修复工程的目标,但密集植物床在营养化湖泊中出现时也有危害性,如降低垂钓等娱乐价值、妨碍船的航行等。此外，生态系统的组成会由于入侵种的过度生长而发生改变，如欧亚孤尾藻在美国和非洲的许多湖泊中已对本地植物构成严重威胁。对付这些危害性植物的方法包括特定食草昆虫如象鼻虫和食草鲤科鱼类的引入、每年收割、沉积物覆盖、下调水位或用农药进行处理等。

通常，收割和水位下降只能起到短期的作用，因为这些植物群落的生长很快而且外部负荷高。引入食草鲤科鱼的作用很明显，因此目前世界上此方法应用最广泛，但该类鱼过度取食又可能使湖泊由清澈转为浑浊状态。另外，鲤鱼不好捕捉，这种方法也应该谨慎采用。实际过程中很难摸索到大型沉水植物的理想密度以促进群落的多样性。

大型植物蔓延的湖泊中，经常通过挖泥机或收割的方式来实现其数量的削减。这可以提高湖泊的娱乐价值，提高生物多样性，并对肉食性鱼类有好处。

(7)蚌类与湖泊的修复。蚌类是湖泊中有效的滤食者。大型蚌类有时能够在短期内将整个湖泊的水过滤一次。但在浑浊的湖泊很难见到它们的身影，这可能是由于它们在幼体阶段即被捕食的缘故。这些物种的再引入对于湖泊生态系统修复来说切实有效，但目前为止没有得到重视。

19 世纪时，斑马蚌进入欧洲，当其数量足够大时会对水的透明度产生重要影响，已有实验表明其重要作用。基质条件的改善可以提高蚌类的生长条件。蚌类在改善水质的同时也增加了水鸟的食物来源，但也不排除产生问题的可能。如在北美，蚌类由于缺乏天敌而迅速繁殖，已经达到很大的密度，大量的繁殖导致了五大湖近岸带叶绿素 a 与 TP 的比率大幅度下降，加之恶臭水输入水库，从而让整个湖泊生态系统产生难以控制的影响。

因氮磷物质超标，蓝藻、绿藻等藻类在富营养化水体中泛滥，使水体透明度一般只有 0.3 ~ 0.5 m。这种低透明度光照条件，严重限制了对环境有益的沉水植物的光合作用，使之很难栽种和生存。同样，低透明度也导致底层水体缺氧，底栖生物和鱼类难以存活。这已成为我国富营养化景观水体生态修复的最大瓶颈之一。

上海海洋大学等校专家建立了一套“食藻虫引导沉水植物生态修复工程技术”。他们在国际上首次利用经过长期驯化的“食藻虫”，可将蓝藻、有机碎屑等吞食清除，并产生一种生态因子抑制蓝藻，能使水体透明度在短期内提高到 1.5 m。在此期间，还大量快速种植沉水植物，形成“水下小森林”，吸收过量的氮、磷物质，从而通过营养竞争作用，抑制蓝藻繁殖生长。另外，沉水植被经由光合作用，释放大量溶解氧，并带入底泥，促进底栖生物包括水生昆虫、螺和贝的滋生，修复起自然生态的抗藻效应，使水体保持稳定清澈状态。

位于上海南汇的滴水湖 D 港中段河道，长 1 km，宽 50 m，原来水质为五类到劣五类，透明度仅 0.3 m。经过食藻虫生态修复，沉水植被总覆盖率达 90%，水质提升为二类到三类，透明度提升为 1.5 ~ 3.4 m。北京圆明园生态修复水系面积为 11.3 万 m^2，水深 1.2 ~ 1.5 m，原透明度也只有 0.3 m，生态修复后的水质稳定在三类，清澈见底。另一个试验区为滇池下风口的海埂村，围隔水域面积 3.4 万 m^2，经修复，污染性的总氮含量从 7 到 17 个单位降至不到 1 个单位，总磷含量也下降到原来的 1/15 ~ 1/5。

2.3.5.2　温带富营养化湖泊生态调控过程

在湖泊生态系统修复前，工作人员应掌握湖泊过去、目前的环境状态和营养负荷，仔细考虑应采用什么方法，并确定合适的解决方法。下面列出了富营养化温带湖泊生态系统修复推荐采用的操作过程。

(1)现状测定。通过用地区系数模型或直接测定可确定每年的氮、磷负荷。通过OECD(联合国经济合作与发展组织)模型,能够计算出湖泊的磷含量并和平均营养浓度的实际测量值进行比较。管理者可以应用校正过的 OECD 模型(浅水湖、深水湖或水库)或者本地湖泊的经验模型。

(2)控制污染源。如果以目前的外部负荷为基础计算 TP,结果会比实际浓度高 0.05 ~0.1 mg/L(浅水湖<3 m)或 0.01 ~0.02 mg/L(深水湖>10 m)。控制污染的第一步是减少外部的磷输入点源,这可以通过降低肥料用量、建立沟渠以改变漫流状况、构建湿地和改进废水处理等实现。在总磷浓度比较高且总氮负荷较低的浅水湖中,由于过去的污水排放或者自然条件的原因,在 TP 浓度较高时湖水也可能很清澈。在深水湖中,氮补偿分解似乎与氮固定相抵消,结果使得藻氰菌占据优势。

如果已经达到了足够低的外部负荷,但湖泊仍处于浑浊状态,可以采取一些措施,以进一步减少外部负荷,实现水质的长久改善。

(3)富营养化治理。如果测定的总磷浓度 TP 比 OECD 模型或本地模型计算的关键值高很多,并且在生长季节 TP 有规律地升高,说明内部负荷比较高。如果深水湖的 TP 超过 0.05 mg/L,浅水湖超过 0.25 mg/L,仅通过生物管理难以实现长期作用。这种情况应考虑采用物理化学方法,如在浅水湖中可采用沉积物削减或用铁盐、铝盐进行处理;在深水湖中可采用底层湖水氧化法,再结合化学处理。

如果 TP 浓度在浅水湖中接近 0.1 mg/L,深水湖中接近 0.02 mg/L,鱼类密度较高并以底栖食草性鱼类为主,叶绿素 a/TP 较高时,可以采用生物管理方法。如果在浅水湖中,采用其他的生物措施也可行。若大型蚌类出现但不能定居,可以考虑从邻近的湖泊或河流中引进。

如果外部负荷超过上述范围,削减营养物负荷就存在经济或技术上的问题。若要改进环境状态,除运用上面提到的方法外,还需要做后续的持续处理。

如果大型沉水植物的生物量过大,推荐每年进行部分收割,当然也可选用生物控制,如鲤科鱼类或食草昆虫(如象鼻虫)。

图 2.9 和 2.10 分别展示了湖泊水环境中氮、磷的循环过程。

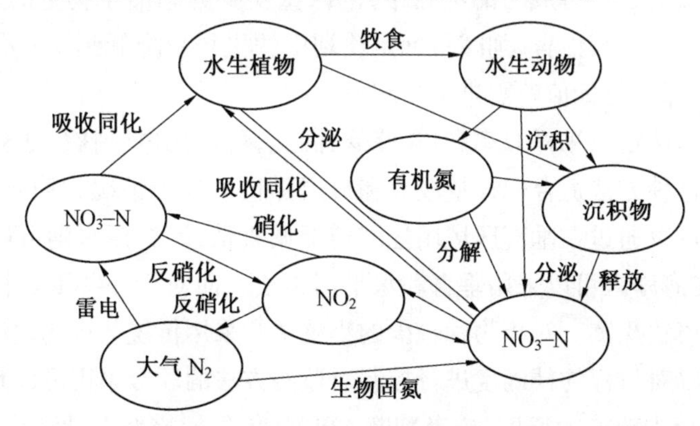

图 2.9　湖泊水环境中氮的循环过程

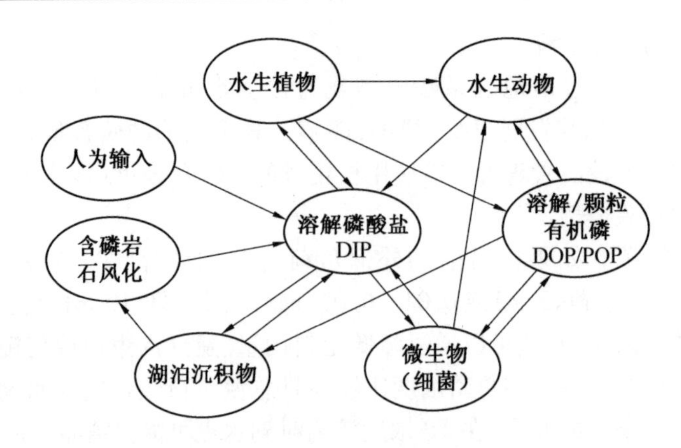

图 2.10　湖泊水环境中磷的循环过程

2.3.6　湖泊生物操纵管理措施

在对湖泊进行生物操纵管理之前，应该对所选用的方法进行理论和应用方面的全面评价，建立适当的组织和管理设施，并制订出详细的工作计划以实现管理目标。生物操纵规划阶段还应详尽地征求渔业所有者和公众的意见。此外，应防止肉食性鱼类和其他有价值的物种从未管理区迁徙进入管理区，这是管理规划的一个关键点。对于一些需削减鱼群的湖泊，还应做好必要的准备工作，包括捕捞、运输和最终使用归宿等。对于大型湖泊而言，其管理规划必须要有有经验的专业渔民的参与，因为他们拥有捕捞、运输鱼类的技术和必要的设备以及器具；对于小型湖泊而言，当地居民的参与比较重要。由于捕鱼和生物操纵对鱼类群落的影响是不断随时间和具体情况变化的，因此，对湖泊进行实时、连续监测很重要，这样，管理者可以根据管理目标的状态来不断调整管理策略，进而找到合适的方法进行湖泊的修复与管理。

2.3.6.1　确定湖泊鱼类削减量

鱼类削减对于湖泊生态系统修复十分必要，只有确定足够的鱼类削减量，才能保证削减作用长期有效。在一些成功的项目中，削减量至少为湖泊生物量的 70% ~80%，达到每公顷几百千克。一般而言，削减目标是使湖中的生物量降低到 5 kg/hm^2。若湖中留下的鱼仍未成熟，那么目标值就需进一步减小。

利用电子捕鱼法定点采样效率高、花费低，因此，可以用电子捕鱼法分析不同湖泊中的物种丰富度。这种方法适合取样量较大和分层随机取样的情况，有利于结果的分层次分析。鱼群密度可以通过在垂直区域用拖网捕捉调查估计，对深水湖可以采用综合采样或声学方法，如在海岸区可以采用垂直和水平回声法。而对于一些重要物种如胡瓜鱼只能用捕捉法或回声法探测。对于物种较少的小溪常常采用传统的再标记法。通过鱼类削减数据的分析可以对目标的精确度进行控制。监测方法的联合采用可以判断当湖水转向清水状态后物种行为改变的原因，或者判断 CPUE(单位捕捞努力量渔获量)是否真正发生改变。

2.3.6.2 鱼类管理的技术与策略

在湖泊的修复过程中，若想要使鱼类管理的效率最大化，那么掌握目标湖泊中鱼类物种的细节知识是十分必要的。尤其需要加强对幼年鱼类的控制和评价，因为它们可能对水质产生更大的影响。但一般湖泊中的幼年鱼群不能被商业捕鱼工具所削减，因此需要采用更小网眼(10～20 mm)的工具。食鱼类鱼群的保留可以作为管理的后续措施。目前，与食鱼类保留综合运用或单独的鱼群削减已经成为主要的湖泊生态系统修复策略，尤其在欧洲的湖泊中应用极多。

2.3.6.3 主动工具与方法

在温带湖泊中，对秋季和冬季聚集的鱼类进行主动捕获是最重要的鱼类削减方法。这一方法可以选择不同年龄组的鱼群，也可以选择不同目标鱼类。幼年鲤科鱼在夏季分布在沿岸带，在秋冬季会聚集在沿岸带边缘、支流处和船桥下，或者聚集在浅水湖、深水湖滩中的自然或人工鱼巢中。削减鱼类时，人们在浅水湖常常采用电子捕鱼法或者渔网，在深水湖则采用远洋拖网或渔网。

2.3.6.4 被动工具与方法

采用被动工具对在湖泊盆地以及沿岸带植被、不同生境中进行昼夜、季节性迁移的鱼类进行捕获，切实有效。这些鱼类的洄游时间和地点可被人们准确预测，使用渔网或长袋网在其洄游途中或产卵地能将它们捕获。人工捕捉设施在产卵时间过后被移走。另外，适当的人工水位调节可以防止目标鱼类产卵及其受精卵的发育。如果网眼足够小，许多包括其幼体在内的鱼类都可被削减。因此，夏季时在沿岸带区域和在发生昼夜水平迁移的沿岸带到湖沼带间的区域内都可以用小型长袋网捕获鱼类。在封闭与其他湖泊的迁移通道或坝前时，也可用这种小型渔网或长袋网削减聚集的鱼群。此外，小湖中选择性地捕获鱼类大多用刺网。

2.3.6.5 扩大食肉鱼类种群

扩大食肉鱼类种群的方法是采取相应的生境管理措施(如曝气或岸线管理)以及在湖泊或池塘中培育鱼苗。欧洲湖泊中食肉鱼类储备比北美的效果差一些。但最近的例子表明，欧洲一些湖泊中，即使食肉鱼类在湖泊占据优势地位，也不能阻止鲤科鱼类的扩张，在缺少大型植物的湖泊中尤为明显。此外，若要保留梭鲈或白斑眼鱼，需要在捕捞时选择适当大小的渔网。

池塘生态系统如图2.11所示。

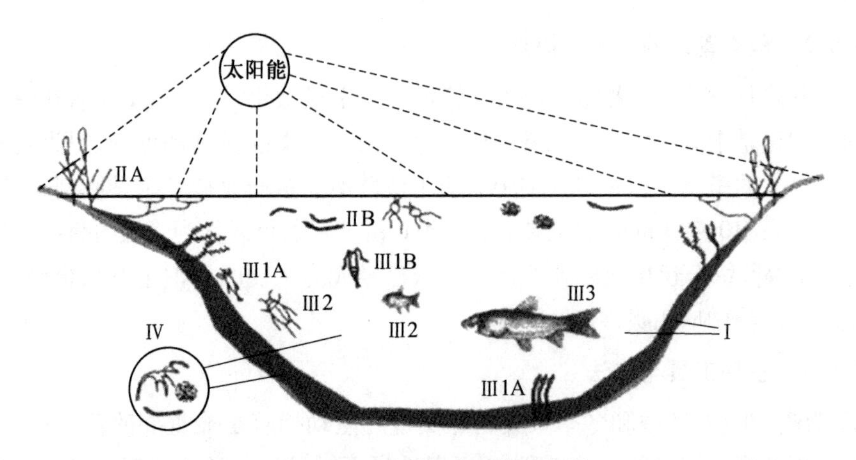

图 2.11　池塘生态系统示意图

Ⅰ—环境中的无机物质和有机物质；ⅡA—初级生产者（水生植物）；ⅡB—初级生产者（浮游植物）；Ⅲ1A—初级消费者（底栖食草动物）；Ⅲ1B—初级消费者（浮游动物）；Ⅲ2—次级消费者（食肉动物）；Ⅲ3—三级消费者（次级食肉动物）；Ⅳ—腐食动物（细菌和真菌）

2.3.6.6　鱼类管理的费用

由于各种因素的影响，削减单位质量的鱼类，会产生较大的费用波动。一般来讲，采用袋网或围网捕鱼比刺网费用低，小湖比大湖的费用高。渔网、长袋网和当地渔民的一些自制工具，价钱便宜，同时又很实用。特别在小湖中，削减鱼类主要依靠当地经验丰富的渔民。

2.3.7　湖泊生态系统修复实例分析

【实例 1】　中国徐州云龙湖的生态修复

云龙湖位于徐州南部风景区，属浅水城市湖泊，2002 年景区被水利部评选为国家级水利风景区。云龙湖包括东湖、西湖和小南湖，其中东湖和西湖以湖中路为界，小南湖为新开发的景区，水面彼此连通，湖区水域总面积达 7.05 km^2，最大水深 5.1 m，平均水深约 2.5 m。云龙湖地势较高，集水面积小，来水受季节性影响较大，徐州年降雨不均，年内大部分时间来水较少，加之本地区年平均蒸发量大于年平均降雨量，因此云龙湖蓄水需通过补水解决，从丁万河通过天齐站、大孤山站翻引京杭运河水，经故黄河、闸河、玉带河调入云龙湖。即使在梭鱼存量较低时，在浅水湖中投入大量的梭鱼鱼苗也会导致鱼类的捕食压力。为了达到更好的效果，捕食者的存量应该和主要猎物种类幼体的孵出量一致。

目前，云龙湖水体污染的主要途径为：①区域内居民生活污水未经处理直接排入城市雨水管道，而后直接进入湖泊，是造成湖泊污染的重要原因。②补水水源带来污染。云龙湖出水线路较长，导致补水水质不达标。③景区内娱乐设施、餐饮及旅游带来的污染。④通过大雨、暴雨形成地表径流将污染物带入。

目前的主要措施有：①实施全面控源截污。控制污染源头，采用各种措施对云龙湖入湖河道及补水线路沿线存在的污染源实施综合整治，如关闭搬迁排污企业、养殖业等污染点源，生活污水截污接入管网，面污染源实施口门控制。②环保清淤，水系贯通。科学制订湖区清淤计划，采取环保生态清淤方法，重点清理小南湖等局部区域的湖底面层淤泥，提高湖区深度，同时去除底泥的污染物含量，有效控制由于夏、秋季温度升高后，底泥中有机物分解释放对水体水质产生不良影响。③生态补水。定期补水，加速湖水交换，使湖泊水体“动起来”，提高其自净能力，从而可大大提高湖泊的水质，降低湖泊的富营养化程度。

（引自《江苏水利》，2016 年第 2 期）

【实例 2】 日本琵琶湖的生态修复

琵琶湖作为世界第三古老湖泊，拥有大量宝贵的特有土著物种，约有 1 100 种动植物生长其中，其中鱼类约 46 种，贝类约 40 种，水草约 70 种，具有丰富的生物多样性。此外每年有 5×10^4 只水鸟来此栖息，1994 年琵琶湖被列入湿地公约国际重要湿地名录。但随着湖泊富营养化进程的加剧，琵琶湖生物多样性急剧减少，主要体现在以下几方面：①湖滨带芦苇湖岸大幅减少；②特有物种的续存危机；③渔获量大幅下降。

琵琶湖综合治理从 20 世纪 70 年代开始经历了艰辛的历程。第一阶段（1972—1997 年）遵从《琵琶湖综合开发规划》，解决了琵琶湖水资源利用及防洪防灾的重大问题，并建立了庞大的流域下水道污水处理系统，有效地控制了流域污染源的排放；第二阶段遵从《琵琶湖综合保护规划》也即《母亲湖 21 世纪规划》并于 1999 年正式实施。该规划的主要目标是水质保护、水源涵养及自然环境与景观保护。该规划分两期，第一期为 1999—2010 年，第二期为 2010—2020 年。第二阶段的琵琶湖综合治理在第一阶段的基础上进一步控源，并加大了流域生态系统修复与建设，尤其重要的一点是第二阶段的第二期规划将流域生态建设作为其主要内容。

长期构想确定了至 2050 年的长期保护规划，在“琵琶湖综合保护规划”的基础上，将规划期限划分为三期：第一期为 2008—2010 年，确保连接生物生息空间形成网络化的据点；第二期为 2011—2020 年，初步建成连接生物生息空间形成网络的构架；第三期为 2021—2050 年，完成各生物生息空间据点连接的网络。琵琶湖流域生物生息空间分为琵琶湖水域、湖滨带及内湖、自然林及次生林域、人工植林域、田园域、市街地域、河流及河畔林域等 7 种类型。

日本琵琶湖全貌如图 2.12 所示。

图 2.12　日本琵琶湖全貌

（引自《环境科学研究》，2016）

2.4 小流域治理与生态修复

2.4.1 小流域生态系统的概念、分类和特点

流域是指江河水系中一个完整的自然集水区,大至江河的汇水区域,小到毛沟。流域内的水土流失会引起自然界中江河河床泥沙淤积及水患。以小流域为单元集水区内的水土流失,是输入江河泥沙的一级渠道。因此,大江大河的治理还必须立足于各个水系并以小流域为单元展开水土流失综合治理。

2.4.1.1 小流域的概念

水土流失治理工作的基本组织单位是小流域,大面积水土流失区的治理就是将其划分为若干流域,分而治之。从地形学观点来看,小流域包括上部山冈、中部山坡及下部水流汇集和泥沙沉积区(谷底平坝)三个有机组成部分。上方以分水山脊为界,下方边界常较模糊,一般以泥沙沉积主要地带或水流出口地带为界。从水文学上看,小流域是大流域的源头,是以分水岭和出水口断面为界形成的自然集水单元,是小河流或各级支流的地面径流集水区域,面积较小。界定小流域面积大小的标准尚未统一。欧洲和日本则将面积在 50 ~ 100 hm^2 的流域称为小流域;美国将面积在 1 000 hm^2 以下的流域称为小流域;而联合国粮农组织和世界银行支持我国的开发项目规定,小流域面积为 1 ~ 50 hm^2;我国的水土保持研究和教学单位则将面积为 3 ~ 50 hm^2 的流域称为小流域。

小流域是一个开放式小单元,包括许多自然、经济、社会因子的高层次、多因子、多干扰和多变量。小流域治理通过对一个单元小区或流域小区内的水资源、土壤、山地、光、热、气和肥的合理利用,农、林、牧地和果园、经济林的统一规划与布局,采取耕作措施、工程措施、林草措施,并加以科学管理,实现水土资源的最佳配置和综合利用。小流域治理目的在于通过产业调整、多种措施、土地优化利用和投资分配等途径来协调小流域生态系统和人类社会的各种活动之间的关系,以建立一个稳定、持久、高效的生态、经济和社会复合系统。

综上所述,小流域既是一个水土保持治理单元和自然集水区域,又是一个社会—经济—自然复合生态系统。通常情况下,集水区域面积为 3 ~ 50 hm^2。

2.4.1.2 小流域生态系统分类

小流域由于地形、地貌、气候等因素的差异,形成了不同样式的小流域生态系统。因此对众多的小流域生态系统进行分类是有必要的。同时在此基础上,实现对小流域生态系统资源管理的分类规划、分类指导和分类开发,从而提高小流域生态系统资源的开发管理效率。但目前对小流域生态系统的分类研究报道很少,国内仅对浙江省红壤小流域和黄土高原小流域生态系统做过分类研究,还没有统一标准对小流域生态系统进行分类,所以只能借鉴某些学者的研究结果对小流域生态系统进行分类,以期为小流域的综合治理提供指导。根据陈进红等采用定性与数学分类相结合的方法,主要按照地理位置、地形地貌、水资源状况、土地资源结构、社会资源结构、气候资源结构和产业结构等对浙江省红壤

小流域进行了三级分类。

(1)根据小流域的地形地貌特征进行一级分类。对小流域生态系统而言,首先是地理位置基本决定了该小流域的主要结构和功能,而对同一地理区域的小流域,主要是地形地貌居于主导地位。因此,在一级分类中,主要考虑的是地形地貌类型,即第一类是低丘岗地型,其主要特征是由一系列平缓的岗地丘陵构成,无明显的高山陡坡;第二类是“座椅”型,呈现出由高山脊及与裙脚下较平坦坡地构成的形如座椅的地形地貌特征;第三类是高山陡坡型,其主要特征是由较高的山脉与较陡斜的山坡构成。

(2)根据小流域内水资源状况进行二级分类。在小流域生态系统中,水资源是该系统发展的重要障碍因子,是影响小流域生态系统功能发挥的关键制约因素。据此,以水资源状况对小流域生态系统进行二级分类。即在一级分类的基础上,根据小流域内的水资源不同,又可分为三类:第一类是自灌基本充足型,即有足够的水资源满足小流域内的生产用水需要;第二类是缺水型,即拥有一定的水资源,但是不能完全满足小流域内的生产需要,又没有完善的工程引水设施;第三类是引水灌溉型,即小流域内自身没有足够的水资源,但有较完善的引水设施,通过利用外界水资源可基本满足需要。

(3)三级分类。从经济、社会和环境的实际需要出发,在二级分类的基础上,可根据小流域生态系统的土地资源结构、社会资源结构、气候资源结构、产业结构、动植物结构和小流域生态系统的功能状况等分别进行进一步分类,或综合以上各个方面的指标进行综合分类。如根据小流域生态系统土地资源的拥有状况,可分为三类:富裕型、较丰富型、贫乏型。

2.4.1.3　小流域生态系统特点

尽管小流域生态系统有多种多样的存在类型和表现形式,但同一区域内的小流域仍有许多共同特点。南方小流域大多分布在热带或亚热带季风气候区,以红壤丘陵为主,土壤较为贫瘠,雨量充沛且时空分布不均,季风影响显著,山丘区源短流急,气候温暖,山洪暴发常伴随着发生山体滑坡和泥石流等地质灾害,同时还造成许多滑坡隐患,小流域生态修复和开发治理以防洪减灾为中心,以河道综合整治与搞好坡面水土保持为重点。北方与南方小流域既有一些相同之处,又存在着一些显著差异。北方小流域除去少数石质山岭和凹陷平地外,大多覆盖着颗粒细小的黄土层,降水主要集中在夏季,总体而言,植被覆盖率和水资源条件不如南方,抗旱保水成为小流域开发治理和生态修复的工作中心,治沟和坡面水土保持成为工作重点。

2.4.2　小流域水土流失治理技术

一般的,土壤侵蚀是指地球陆地表面的土壤及其母质受风力、水力、重力和冻融等外营力的作用,发生的各种分离(分散)、破坏、搬运(移动)和沉积的现象。土壤侵蚀是现今世界上大多数国家采用的术语,我国传统上将其称为水土流失。水土流失的治理技术措施称为水土保持。《中国大百科全书》(农业卷)指出:水土保持是防治水土流失,维护和提高土地生产力,保护、改良和利用水土资源,以利于充分发挥水土资源的经济效益和社会效益,建立良好的生态环境的综合性科学技术。水土保持是控制水土流失的根本措施,一般分为生物措施、工程措施和综合措施。

2.4.2.1　水土保持工程技术

1. 沟道治理工程

沟道的治理,要根据沟道的发育程度和水源情况,采取自沟头至沟口,自上而下,先毛沟后支沟,最后干沟的顺序,节节修建拦沙蓄水的工程。

(1)沟底工程。

沟底工程,从本质上讲,就是修坝,修各种不同形式的坝,主要有淤地坝和谷坊两种。

①淤地坝工程。淤地坝和谷坊一样,都是修筑于沟底的坝,但它们的大小、高低和目的不同。谷坊高度一般 5 m,淤地坝高度通常 5 m 以上。在我国淤地坝主要修筑在水土流失较严重的黄土高原丘陵沟壑区的支、毛沟内。这类地区土料丰富,可就地取材,施工经济。淤地坝通常有两种分类方式:按建坝材料可分为土坝、石坝和土石混合坝,按施工方法分为碾压坝、水力冲填坝、堆石坝、干砌石坝和浆砌石坝等。

一般淤地坝在结构上由坝体、溢洪道和泄水涵洞三个部分组成。坝体是淤地坝的主体结构,是拦洪蓄水挡水建筑物,通常由土壤或土石混合组成。溢洪道是排泄洪水的建筑物,当淤地坝洪水位超过设计高度时,就由溢洪道排出,以保证坝体的安全和坝地的正常生产。泄水涵洞多采用竖井式和卧管式,沟道长流水,库内清水可通过排水设备排泄到下游,用来灌溉。

②谷坊工程。谷坊是重要的水土保持沟道工程之一。谷坊主要修建在山区水土流失严重地区的上游,具有以下功能:防止沟底下切,制止沟岸扩张和抬高侵蚀基点;拦截泥沙,减少流入河川的固体径流量,减轻石洪危害,为利用沟底土地资源创造条件;所拦蓄的部分径流量,可降低沟道中的水流速度,削减下游洪峰流量。

按照建筑材料的不同,谷坊可分为石谷坊、土谷坊和植物谷坊等。石谷坊由浆砌或干砌石块建成,适宜于石质山区或土石山区;土谷坊由填土夯实筑成,适宜于土质丘陵区;植物谷坊多由柳桩打入沟底,枝梢编篱,内填石块而成,通称柳谷坊。土、石谷坊拦蓄泥沙淤地后,可用于栽种果木或经济作物,柳谷坊则逐渐发展为成片的沟底林。

(2)沟头防护工程。

沟头防护工程是为了制止因径流冲刷而发生的沟头前进和扩张,有蓄水式和排水式两种类型,以蓄水式为主。

蓄水式沟头防护工程多修在距分水岭较近,集水面积较小,暴雨径流量不大的沟头,或虽坡面集水面积较大,但坡面治理已基本控制了坡面径流的沟头,要求尽可能挡蓄水土。主要形式有沟埂式和埂墙涝池式。在沟头以上来水量较大,坡面较陡,又没有条件将水拦蓄,或拦蓄后易造成坍塌时,可采用排水式沟头防护工程。排水式沟头防护工程有悬臂式和多阶式跌水两种。

①埂墙涝池式蓄水工程。在沟头上部的坡地上,结合截水沟埂把剩余径流水引入涝池,涝池不仅可以防护沟头发展,而且可贮备灌溉和牲畜饮水。涝池的容量设计主要根据沟头上方来水量而定,可按 20 年一遇暴雨进行设计。

②悬臂式排水工程。如沟头坚固且陡峭,可在沟头上方水流集中的跌水边缘,用木板、石板或水泥预制板做成槽状,使水流跌入沟谷的消力池,防止水流冲刷沟头。池底最

好是基岩或块石、碎石，使水流缓冲后再流入沟道。

③沟埂式蓄水工程。在沟头以上适当位置挖沟筑埂，把水蓄在沟头以上。沟埂的组成中，沟深与埂高、沟底与埂顶宽、沟顶宽与埂底宽相等，沟埂高度在1 m左右。沟埂的设计容量，可根据集水面积和10年一遇最大降雨量来确定。同时沟头埂上应留有溢流口，以便排出容纳不了的水量。

④多阶跌水排水工程。即多阶式跌水沟头防护工程，多用砖、石浆砌而成，当水流通过时，能逐阶消能。总跌水差不宜过大，跌差越大，投资也越多，以小于5 m为宜。

(3)主河道工程。

①以保护田坝、村庄为主修建防洪堤，保证河道两侧的农田和村庄不致遭到洪水的威胁，使当地农民安居乐业，发展生产。

②在河道上游选择适当的位置修造滞洪水库，以控制洪峰集中通过河道，避免山洪暴涨暴落而引起水土流失，同时还可以把储蓄的地表水用于坝地农田灌溉。

③在河道中下游或两条河流的汇合处修建拦沙坝，拦洪留沙，使河道的泥沙流而不失。

④对河床比降较大、水流很急、冲刷很大的河床地段，视其具体情况，修建若干小型沙堤，以降低河床比降，防止河床变迁而引起防洪堤倒塌，同时也避免因洪水掏空沟壁引起山体产生重力下滑。

2.小型蓄水工程

(1)小水库。

在溪沟河谷地形条件较好、集水面积较大的地段，修建小型水库对防洪、灌溉、发电、养鱼、保持水土和促进农业增产等方面都有重要作用。

①小型水库的库容。库容包括死库容、兴利库容和防洪库容。死库容是小型水库为了淤积泥沙、养鱼，提高水库自流灌溉水位而预留的库容，又称垫底库容。兴利库容又称有效库容，是用来灌溉或发电的。当水库来水达到兴利库容时，就基本淤满了，如遇到设计暴雨来水，水库就要溢洪，水位必然上涨，由此形成的库容为防洪库容。

②水库类型。根据水库的总库容大小，水库可分为大型、中型、小型和塘坝。

③水库位置的选择。地形要"肚大口小"，肚大是指库区内地形宽阔，坝不高而库容大，口小是指河谷窄，坝短，工程量小，即选择三面环山、一面开口的地形为宜；坝址以上要有足够的集水面积，使水库能调蓄足够的水量；坝址地质基础要牢固，无下陷和漏水现象；谷底和库区山坡不漏水；坝址附近建筑材料丰富，如土料、砂料、石料、木材等质量好，产地近；坝址处有天然开挖溢洪道的条件；水库上游草覆盖条件好。

④小型水库结构。小型水库一般由大坝、溢洪道和泄水洞三部分组成，称为小型水库的"三大件"，水库全貌如图2.13所示。

(2)水窖。

在黄河中游的干旱和枯水区，为解决人畜饮水问题，通常在坡地适当位置，于地下开挖一个瓶状的土窖，底部和四壁用黏土或胶泥捶实防渗，雨季将地表径流澄清后，引入窖内存储，供长年饮用，体积为10 m^3 左右。新中国成立后，有的地方将土窖的做法发展为

图 2.13　水库全貌

水窖,体积扩大到 100 ~ 200 m^3,底部、四周锤实后用黏泥或水泥抹面防渗。水窖不仅能满足饮水需要,还可以抗旱点浇,发展生产。

(3)蓄水池。

蓄水池用于拦蓄径流、防止冲刷、保水抗旱和供人畜饮水。一般修建在沟头、梁顶、路旁和村边等处。土质要求坚硬、不易漏水。其容量大小要根据其上部的径流而定。蓄水池容量应等于设计径流量,满足自流灌溉的要求。

(4)引洪漫地。

引洪漫地就是把河流、山沟、坡面村庄和道路流下来的洪水漫淤在耕地或低洼河滩。

①引沟壑洪水漫地。即从泥沙含量高的沟壑中将洪水引到沟口以外的耕地。

②引河流洪水漫地。在土壤侵蚀严重的地区,河水含沙量极高,如黄河一般在 30% 以上,可采用此方法肥田。

③引路洪、村洪漫地。山丘区道路和村庄是人类活动的主要场所,一般坡度大,来水猛,泥沙量大,含肥料丰富。通过截水沟或排水沟引路洪、村洪漫地,效果好。

④引坡洪漫地。通过山坡修筑的截水沟、转山渠等拦截坡面洪水,漫淤台地、阶地和山谷川地。

3. 坡面治理工程——梯田工程

梯田是山区坡面治理效果最理想的一种水土保持工程措施,也是农业生态工程措施的重点,是农田基本建设的主要形式,其外观如图 2.14 所示。一般坡度在 20°以下且土层较厚的坡耕地,均应修成梯田。按其断面形式分类,有水平梯田、坡式梯田和隔坡梯田。

以田坎的建筑材料分类,有土坎梯田和石坎梯田。在生产实践和科学研究中,主要是按梯田的断面形式分类。

(1)水平梯田。即按照田面设计宽度,采用半挖、半填的方法,将坡面修成若干台田

图 2.14　梯田俯瞰全貌

面水平的地块,达到截短坡长、减缓坡度和保持水土的目的。水平梯田属于高标准的基本农田,可以种植任何农作物、果树等。在人多地少的丘陵地区,应该提倡修建水平梯田,其作物产量提高明显,且景观效果理想。

(2)坡式梯田。在坡面上每隔一定间距沿等高线开沟筑埂,将坡面分割成若干等高带状的坡段,开沟筑埂部位改变了小地形,其余坡面仍保持原状。坡式梯田依靠逐年翻耕、径流冲淤并加高地埂,使田面坡度逐渐减缓,终成水平梯田,所以这也可以说是一种水平梯田的过渡形式。

(3)隔坡梯田。指在原坡面上隔一定距离修筑一台水平田面的梯田,是水平梯田与坡式梯田相结合的一种形式。在坡面上将 1/3 ~ 1/2 面积保留为坡地,1/2 ~ 2/3 面积修成水平梯田,形成坡梯相间的台阶形式,这样从坡面流失的水土可被截留于隔坡梯田上,有利于农作物生长,梯田上部坡地种植牧草和灌木,形成粮草间种、农牧结合的方式,修建隔坡梯田较水平梯田可大幅度省工。

2.4.2.2　生物技术

在流域内,为涵养水源、保持水土、改善生态环境和增加经济收入,采用人工造林(草)、封山育林(草)等技术,建设生态经济型防护林体系,提倡多林种、多树种及乔灌草相结合。

1. 坡面水土保持林

坡面水土保持林是指梁顶或山脊以下,侵蚀沟以上的坡面上营造的林木。坡面是水土流失面最大的地方,也是水土流失比较活跃的地方。梁峁坡营造水土保持林、草多以带状或块状形式配置,水平梯田建设或坡度较缓的农田可采用镶嵌方式排列,具体位置根据斜面形式和坡度差异来决定。梁峁坡水土保持林应沿等高线布设,与整地工程设计相结合,可采用单一乔木或灌木树种,以乔灌混交型为佳。主要造林树种有:油松、樟子松、侧柏、刺槐、臭椿、白榆、杜梨、山桃、柽柳、毛条、枸杞、山杏、柠条、沙棘和紫穗槐等。

南方山地丘陵坡地营造水土保持林,一般均辅以相应的工程措施。对坡度 25°以上的陡坡,可采用环山沟、水平沟和鱼鳞坑整地等方式。沟内栽种阔叶树,沟埂外坡种植针叶乔木和灌木。对坡度15°~25°的斜坡,可采用水平梯田、反坡梯田整地,沿等高线布设林带,其面积占集水区耕地面积的10%~20%。林带实行乔、灌、草混交和针阔混交。坡度在15°以下时,可挖种植壕,发展经济林和果、茶,并套种绿肥。在石质山地或土层浅薄的坡面,可围筑鱼鳞坑或坑穴,营造灌木林,或与草带交替配置。有岩石裸露的地方可用葛藤等藤本植物覆盖地面。主要造林树种有:柏木、马尾松、湿地松、云南松、华山松、桤木、麻栎、栓皮栎、槲栎、化香、黄荆、胡枝子和栀子等。

2. 分水岭防护林

丘陵或山脉的顶部通常称为分水岭,它是地表径流和泥沙的发源地,水蚀和风蚀较为严重,水土流失首先从顶部开始。

(1)山脊分水岭防护林、草。

我国南方山地丘陵区山脊分水岭的气候和地质条件一般是高寒、风大和土壤瘠薄等。在较大河流一、二级支流源头和两岸山地第一层山脊以内应布设水源涵养林,以含蓄降水,在起点控制径流产生,削弱风、寒等不良气候因子的影响。营造山脊分水岭防护林实行乔、灌草结合,选择耐旱、抗风、根系发达和保土能力强的深根性树种,如马尾松、湿地松、巴山松、栎类、刺槐、合欢、木荷、胡枝子和芒萁等,林带宽度可依山脊分水岭宽度、风害和侵蚀程度而定。

(2)梁峁顶防护林、草。

"梁"和"峁"是我国黄土丘陵沟壑区的主要地貌,梁顶和峁顶水蚀比较轻微,但一般气温变化剧烈,风蚀严重,土壤干旱瘠薄。如梁峁顶部为荒地,可全面进行造林;如梁峁顶部较长又多为农田,可在农田的一侧或两侧营造防护林带,以保护农田和防止水土流失。梁峁顶部造林一般比较困难,应选抗风蚀、耐干旱和根系发达的树种或灌林,采用乔灌水平带状混交或隔行混交,并应加大灌木的比重。适于梁峁顶部的树草种主要有山杏、白榆、小叶杨、刺槐、柠条、紫穗槐和沙打旺等。

3. 侵蚀沟防护林

侵蚀沟防护林是各类地貌中危害程度最深、水土流失量最大的地方。侵蚀沟分为沟坡、沟头和沟底3部分。沟坡集水面积大,植被稀少,遇到大雨经常发生滑坡和崩塌;沟头由于径流冲蚀作用激烈,土体崩塌严重,不断扩张;沟底径流集中,流速快,泥沙多,径流常常导致沟底加宽加深。根据侵蚀沟这些特点,营造侵蚀沟防护林的目的是控制沟头扩张前进,防止坡面滑坡崩塌,保护沟谷和促进水土淤积。

沟头造林须采取工程措施和生物措施相结合的办法,具体做法是在距沟头3~6 m的地方,筑顶宽0.5~0.7 m,埂高1.0~1.5 m的围堰,围堰外密植灌木,堰内栽植乔灌混交林。侵蚀沟的两侧进行沟坡造林,沿等高线整成50~80 cm宽的水平条带,栽植根系发达、郁闭早的乔灌木。由于坡面支离破碎,栽植乔灌混交林应采取鱼鳞坑整地方式。沟底造林应视沟底状况,采取不同的措施和方法。若沟底较缓,土壤条件较好,集水面积不大,可营造块状林和小片丰产林;沟底部坡度比较小,下切不严重,可全面造林;沟底坡度比降大、水流急、下切严重,必须采取修筑小型拦水坝、谷坊和栽植乔灌混交林相结合的方法来治理。

营造沟坡防护林,应注意坡向,选择根系发达、萌蘖力强、枝叶茂密和固土作用大的速生树种;沟头防护林,应注意选择根蘖性强的固土、抗冲和速生树种;由于沟底地势低洼,径流集中,洪水流量大,营造沟底防冲林应注意选择耐积水、抗冲和易生长的树种。

2.4.2.3　农业技术

农业技术主要指在水土保持方面的耕作技术。一般来说,我国的水土保持耕作技术可分为两大类:一类是以增加地面覆盖和改良土壤为主的耕作技术,如秸秆覆盖,少耕免耕,间、混、套、复种和草田轮作等;另一类是以改变地面微小地形,增加地面粗糙度为主的耕作技术,如等高带状种植、水平沟种植等。具体采用哪种耕作技术,不能生搬硬套,必须根据其适宜区域范围、适宜条件与要求来决定。

1. 等高耕作法

坡耕是保持水土最基本的耕作技术,同时也是其他耕作工程的基础。一般情况下,地表径流顺坡而下,在坡耕地上,采用顺坡耕种,会使径流顺犁沟集中,加大水土流失。特别是在5°左右的缓坡和10°左右的中坡地上进行机械耕作时,水土流失更为严重。采用等高耕作,对拦截径流和减少土壤冲刷有一定的效果。据研究,等高带状耕作(间作)要求是:坡地坡度在25°以下,坡越陡作用越小;坡度越大,带越窄,密生作用越大。

2. 垄沟种植法

通常情况下,垄沟种植法适用于川台坝地和梯地。在坡度为20°以下的坡耕地上使用垄沟种植法,增产幅度明显,而且其投入比梯田与坝地少得多,更易被农民所接受。

3. 残茬覆盖耕作法

在地面上保留足够数量的作物残茬,以保护作物与土壤免受或少受水蚀与风蚀。据有关资料显示,增加10%的残茬覆盖,侵蚀减少20%;增加20%的残茬覆盖,侵蚀减少36%;增加30%的残茬覆盖,侵蚀减少48%。

4. 多作种植

水土保持耕作法是对种植制度的发展,它把防侵蚀能力强的作物布置在坡耕地上,应用多作种植,充分利用自然资源,可提高单位土地面积生产力;同时也增强农田植被覆盖度,延长了覆盖时间(因收获期不同),因而是减轻水土流失的好办法,应该因地制宜加以运用。

5. 少耕法与免耕法

此方法在保护土壤方面有积极的效果。少耕法可改善土壤通透性,有利于水分下渗;免耕法使土壤上层有机质含量增多,渗水性改进。并且这两种方法还节约了劳力、动力、机具与燃油的消耗,降低了生产成本,提高了劳动生产效率;节约了耕作时间,减少了因耕作损失的土壤水分;增加了地面覆盖,减少水土流失。在黄土高原坡耕地上,这两种方法有相当大的应用价值。

2.4.3　小流域综合治理与生态修复实例

我国主要水土流失类型区分为土石山区和黄土高原区。黄土高原区是我国水土流失最严重的地区，主要包括黄土丘陵沟壑区和黄土高原沟壑区；而土石山区分为北方土石山区、南方花岗岩地区和风沙区等。各个区域水土流失类型和特点不尽相同，其综合治理与生态修复的模式也各不相同。

1. 黄土丘陵沟壑区

黄土丘陵沟壑区地形支离破碎，梁、峁分布广泛，如图 2.15 所示。由于黄土疏松，易遭侵蚀，加之长期的滥伐滥垦，造成了十分严重的水土流失。现以陕北安塞县纸坊沟流域为例介绍其综合治理模式。

图 2.15　黄土丘陵沟壑图

(1)流域概况。

纸坊沟流域是延河支流杏子河下游的一条支沟，属黄土高原丘陵沟壑区第Ⅱ副区，南邻渭北台塬，其北为毛乌素沙漠南缘的风沙滩地。总流域面积不到 10 km^2，海拔高度为 1 100 ~ 1 400 m，上下游沟床高差 210 m，梁峁顶最大相对高差 200 m 左右，平均纵比降 3.7%，境内梁峁起伏，地形破碎，沟谷大部分已切入基岩。梁峁占总土地面积的 35%，其中大于 25°的陡坡地占 49.2%，小于 25°的缓坡地占 50.8%。远山高山地占 67.7%，低山地占 32.3%。有沟坡地占总面积的 61.5%，除部分塌地外，具有坡度陡、侵蚀强烈和岩石裸露等特点，是综合治理的重点。纸坊沟流域属暖温带半干旱气候区，年平均气温 8.8 ℃，年平均降水量 549.1 mm，降水分布不均，7、8、9 三个月降水量占年降水量的 61.1%，且多暴雨。在 20 世纪 30 年代，该流域曾经是次生林区。40 年代以后，森林破坏十分严重，到 1958 年森林植被荡然无存，到处是荒山秃岭。70 年代初开始综合治理，到 1985 年，森林覆盖率为 17%。

(2)土壤侵蚀特点。

土壤侵蚀的主要侵蚀形式为面蚀，常有细沟侵蚀和浅沟侵蚀发生，崩塌、滑坡等重力侵蚀严重。由于黄土比较疏松，渗透性好，遇水很快分散，只要径流发生便会引起比较严重的土壤侵蚀，在特大暴雨的情况下，土壤侵蚀更为明显。据 1983—1989 年径流小区测定结果，一次最大降雨的侵蚀量占年侵蚀总量的 63% ~ 98%，特别是坡耕地，一次最大降雨(雨量 38.4 ~ 130.7 mm)的侵蚀量占总侵蚀量的 80% 以上，最大超过 98%。

(3)综合治理与生态修复技术的配置。

根据土地类型和坡度的差异,针对纸坊沟流域的具体自然地理条件,其综合治理与生态修复技术的配置如下:

①在梁峁顶部以隔坡水平阶整地形式播种沙打旺等牧草;坡上部修成窄条梯田栽植苹果和山楂等经济林;坡中部修成水平梯田,种植小麦、玉米、谷子和豆类;坡下部营造乔灌纯林或混交林,如刺槐、柠条和沙棘等。

②川平地采用沟垄种植,小于25°坡耕地采用水平沟种植,25°~30°坡耕地,鉴于退耕难度大,因此实行草粮带状间作、轮作和草灌带状间作。

③在沟沿线以下的陡坡,改良草场13个,阳坡半阳坡以羊草、甘青草场为主,阴坡半阴坡建立柠条、锦鸡儿和长芒草(或白羊草)为主的草场,撂荒地补种沙打旺、红豆草,并实行封沟轮牧。

④沟道配置柳谷坊和淤地坝,达到节节拦蓄降水,控制水土流失和合理利用土地的目的。

(4)治理成效。

到1996年底,草地面积达3 173.3 hm^2,乔灌林地面积达266.2 hm^2,森林覆盖率由1985年的17%增加到36%,林草覆坡率达到70.5%,水土流失治理度达到70%。

2. 黄土高原沟壑区

黄土高原沟壑区的水土流失综合治理一般采用"三道防线",即沟坡防治体系、塬面防治体系和沟道防治体系。现以陕西淳化县泥河沟为例来介绍综合治理模式。

(1)流域概况。

泥河沟流域位于陕西渭北淳化县,由沟壑和坡面两大地貌单元组成。面积9.48 km^2,塬面占地59.2%,沟壑占地40.8%,其中沟谷占26.4%。流域年平均气温9.8 ℃,多年平均降水量600.6 mm,最少409.51 mm,最多822.6 mm,降水年际变化大且年内分布不均,7、8、9三个月降雨量占全年降水量的53%。年蒸发量大于降水量,常形成旱、涝灾害。

(2)土壤侵蚀特点。

该流域塬面比较平坦,小于3°的坡度占50%以上,3°~5°的坡面占30%左右,大于10°的坡面在10%左右(主要靠近塬边)。塬面侵蚀始于面蚀和细沟侵蚀,进而发育为浅沟侵蚀。浅沟、小切沟集中在大切沟、冲沟的上游,成为地表径流汇集下泄的通道,它可由数条浅沟兼并而成,而且侵蚀量大,发展快,其侵蚀方式明显的有切蚀、侧蚀及崩塌等,沟底常出现跌水。在自然状态下,横断面呈"V"形,受人为活动干扰后,变化为"U"形或宽"V"形。

(3)综合治理与生态修复技术的配置。

从20世纪80年代开始,该流域被列为国家综合治理试验示范区,具体综合治理与生态修复技术的配置如下:

①在塬面3°~8°的地块兴修水平梯田,面积累计达309.7 hm^2,改善农业生产基本条件。

②在塬坡大力发展植树造林,造林前采用水平阶、反坡梯田和燕翅形整地集流工程,

栽植樟子松、侧柏、油松、白皮松、大扁杏和刺槐等193.3 hm^2。

③在农业生产方面,采用等高耕作、沟垄种植和麦草覆盖等耕作措施。在梯田大力发展以苹果为主的经济林,12年来,共栽植苹果、梨、杏和桃园398 hm^2;在埂坎栽植花椒和杜仲。此外,四旁植树达5万余株,形成带、块状农田防护林网。

④在沟头和沟边修沟头、沟边防护埂301 m,支毛沟修筑土谷坊和柳谷坊299座,骨干沟修防冲坝3座。

⑤在村庄、路旁修建水窖60余眼。

(4)治理成效。

累计综合治理和控制水土流失面积1 661.2 hm^2,治理度达83.7%。水土流失得到控制,生态环境向良性循环转变。

3. 北方土石山区

本区指黄土高原以东,淮河以北,东北漫岗丘陵以南,包括东北南部、河北、山西、内蒙古、河南、山东等省和自治区范围内有土壤侵蚀现象的山地和丘陵,如图2.16所示。现以永定河流域为例介绍综合防治措施的配置。

图2.16　北方土石山区图

(1)流域概况。

海河水系中最大的流域是永定河流域,面积8 998 km^2,常年干旱、半干旱,气候湿润、寒冷和多风,年降水情况分配不均,6~9月降水量占全年的77%,且多暴雨,年降水量400~450 mm;流域地形多为丘陵山区,坡陡沟深,大部分地区是荒山秃岭,植被覆盖率极低。土壤多属黄土类,质地疏松,抗侵蚀能力弱。

(2)土壤侵蚀特点。

全流域分为5个土壤侵蚀类型区:①土质丘陵区。面积1 219 km^2,干旱、寒冷、多风气候,丘陵地形。面蚀、沟蚀均很严重,部分地区风蚀严重。②石质山区。面积2 300 km^2,半干旱、寒冷、多风气候,山地地形。土壤侵蚀以面蚀为主,坡耕地及牧荒地面蚀较重,耕地风蚀较重,并有石洪危害。③森林草地区。面积670 km^2,寒冷湿润气候,山地地形。土壤侵蚀以面蚀为主,坡耕地及牧荒地面蚀较重。④坡积洪积区。面积2 890 km^2,半干燥、多风气候,坡积地形。沟蚀严重,部分地区有面蚀发生,排地和牧荒地面蚀较重。⑤干燥草原区。面积3 019 km^2,干燥、寒冷、多风气候,丘陵或准平原地形,风蚀较重。耕地及牧荒地以面蚀为主,沟蚀轻微。

上述几种类型区中,坡积洪积区和土质丘陵区土壤侵蚀最为严重,干燥草原区和森林草地区土壤侵蚀轻微。

(3)综合治理与生态修复技术的配置。

20世纪50年代,国家制订了流域治理规划,按照因地制宜的原则,各土壤侵蚀类型区生态修复技术与综合治理的配置如下:

①对土质丘陵区的综合治理,主要以发展农业为主。在沟头修水平封沟埂,缓坡地上修水平梯田,沟道内修谷坊拦泥淤地,开展引洪淤灌,营造水源调节林及沟壑水土保持林。

②针对石质山区进行综合治理,主要以林牧业为载体开展防治工作,达到修复牧荒地和坡耕地面蚀,消灭石洪危害的目的。采用水平阶和大穴整地,营造乔灌木、针阔叶混交林和经济林,主要树种有油松、落叶松、椿树、花椒、栓皮栎、槲树、紫穗槐、桑树、核桃、板栗、枣、苹果、梨、柿、桃和杏等。在缓坡地上修石坎水平梯田,挖水平截水沟排水,沟道内修石谷坊和土谷坊拦截泥沙。崇礼县东沟经过治理后,森林覆盖率达到20%,与未治理的西沟比较,侵蚀模数减小94.5%,洪峰模数减小90%。

③森林草地区以林业为主,进行综合治理。主要治理措施包括:防治坡耕地的面蚀,保护现有残存林地,营造乔灌木混交山地水源涵养林;在缓坡上修水平梯田;划定牧区和开展小型灌溉;营造水土保持林,造林树种与石质山区相同。

④坡积洪积区采用林、粮并重的方式,进行综合治理。在缓坡地上修水平梯田,沟头修水平封沟埂,在沟道内修谷坊拦泥淤地,开展引洪淤灌,营造水源调节林及沟壑水土保持林。山西省阳高县经过20多年的治理,已植树86.7 hm^2,修梯田和地埂60 hm^2,种草13.3 hm^2,治理面积占总面积的80%,减少径流及泥沙70%~80%,基本上控制了水土流失。

⑤干燥草原区以发展农牧业为主,进行综合治理。主要治理措施包括:进行天然草场的牧草技术改良,划分牧区,分区轮牧;防治耕地的风蚀和面蚀;营造牧区防护林和薪炭林及水土保持林;在坡地上修水平梯田;挖水窖蓄水和打井灌溉。

2.5　地下水的生态修复

2.5.1　地下水形态

地下水在土壤中分为两种形式:在地下水位以上,呈不饱和状态,称为包气带;在地下水位以下,呈饱和状态,称为饱和带。包气带中,水的压力小于大气压,而在饱和带中,水的压力大于大气压,并且随着深度的增加而增加。所以,如果水井深度达到饱和带,水井中的水位就能够代表地下水的静水压。

图2.17为包气带示意图。

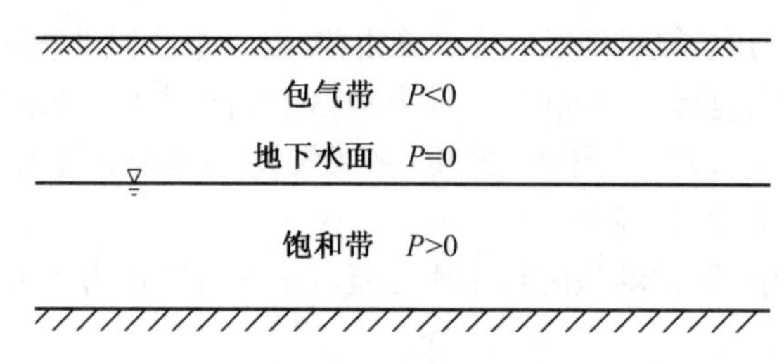

图 2.17　包气带示意图

在饱和带中,具有比较高的渗透压并且在一般水压下能够传递输送大量地下水的层带,称为蓄水层;而透过性比较差,不能够传递输送大量水的层带,称为弱含水层,一般位于蓄水层的上下边缘。

蓄水层又分为承压蓄水层和非承压蓄水层。承压蓄水层,其上边缘存在比较密实的弱含水层或者隔水层,将其与包气带分开。因此,被隔开的含水层承受着一定的压力。如果钻井深度到达承压蓄水层,水位将上升到一定高度才停止。达到平衡时的静止水位超出隔水层底部的距离称为承压水头。承压含水层受到隔水层的限制,与大气圈和地表水体的联系相对较弱。因此,承压蓄水层不容易受到污染,但是一旦污染以后,修复的困难相当大。

非承压蓄水层,地下水的水位就是其上边缘,将包气带和饱和带分开,并且随着气压变化而变化。因此,非承压蓄水层受气象因素和地面水文的影响比较大。在丰水季节,蓄水层接受的补给水量大,地下水水位上升,水层厚度增加;相反,在干旱季节,排泄量比较大,水位下降,水层厚度变薄。非承压蓄水层频繁参与水体循环,同时也容易受到人为活动的影响,容易受到污染。

图 2.18 中详细描绘了水力关系。

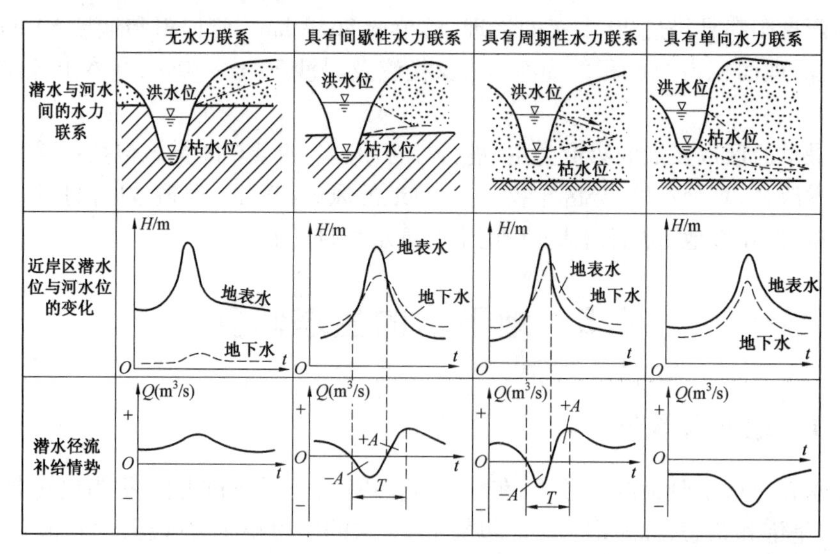

图 2.18　水力关系图

2.5.2　地下水污染物分布

地下水中的有机污染物主要来自化石燃料工业、石油化工工业、化工溶剂和非溶剂，以及各种物质制造过程等。大量的有机污染物质容易形成非水相混合物(non-aqueous phase liquid)，密度比水小，漂浮在水相表面上。这些混合性的污染物特征与其来源，例如汽油、柴油、废油和原油等，以及地质条件等密切相关。影响比较大的是稠环芳烃(PAH)，由 2～7 个苯环共轭形成，通常相对分子质量非常大，具有难溶解、容易吸附、难以挥发等特点，主要来源于化石燃料、木材及各种工业加工等过程。表征定量污染的主要参数包括：总石油量、总有机碳、总溶解固体、生物需氧量和化学需氧量等。

无机污染物主要是金属污染物，包括铬(Cr)、镉(Cd)、锌(Zn)、铅(Pd)、汞(Hg)、砷(As)、镍(Ni)、铜(Cu)和银(Ag)等，主要来源包括工业废弃物、市政垃圾、采矿、冶炼和电镀等。

污染物在土壤积泥中可能以四种不同的形式存在：土壤孔隙中的蒸气状态，自由状态，溶解于孔隙水中和吸附于土壤颗粒表面。四种形式之间存在着相互转换和平衡关系。

2.5.3　地下水修复工程设计步骤

2.5.3.1　修复现场调查

主要目的是确定污染区域位置、大小、污染区域特征、污染程度、形成历史、迁移方向和速度等。

(1)现场调查的主要内容：①确定污染源；②土壤层钻孔；③钻井检测地下水；④收集土壤样品并进行分析；⑤收集地下水样品并进行分析；⑥蓄水层水力实验。

(2)需要收集的数据种类：①收集样品中污染物浓度；②污染物在土壤和地下水中存在的类型；③自由浮动污染物在水平和垂直方向的分布；④土壤和地下水中污染物在水平面积和垂直方向的分布；⑤地下水水位；⑥土壤特征包括土壤类型、密度和湿度等；⑦蓄水层水力实验数据等。

2.5.3.2　设计步骤

在设计前需要仔细研究现场调查的结果，包括地质、水力、污染物类型和现场限制等，确定修复的目标，比较多种设计概念思路和方案，了解相关法律法规方面的要求，进行现场中试研究，考虑各种可能遇到的操作和维修方面的问题，征求公众的意见，比较各种设计在投资成本和时间等方面的限制，考虑结构施工容易程度，以及制定取样检测操作维修规则，考虑健康和安全方面的影响等。设计程序如下：

(1)项目设计计划。

①设计基础。总结现有的项目材料数据和结论；确定设计目标；确定设计参数指标。

②完成初步设计。收集现场信息；进行现场勘察；列出初步工艺和设备名单；完成平面布置草图；估算项目造价和运行成本。

(2)项目详细设计。

①概念设计。初步设计再审查；对设计概念和思路进行完善；确定项目工艺控制过程

和仪表。

②最后设计。进行详细设计计算、绘图和编写技术说明等相关设计文件;完成详细设计评审。

(3)系统施工建造。

①招标过程。接收和评审投标者并筛选最后中标者。

②施工过程。提供施工管理服务;进行现场检查。

(4)系统操作。

①编制项目操作和维修手册。

②设备启动和试运转。

(5)验收和编制长期监测计划。

2.5.3.3 地下水修复技术

地下水修复技术随着科学技术的进步也呈现百花齐放的状态,有传统修复技术、气体抽提技术、原位化学反应技术、生物修复技术、植物修复技术、空气吹脱技术、水力和气压裂缝方法、污染带阻截墙技术、稳定和固化技术以及电动力学修复技术等。

传统修复技术:传统修复技术处理地下水层受到污染的问题时,采用水泵将地下水抽取出来,在地面进行处理净化。这样,一方面取出来的地下水可以在地面得到合适的处理净化,然后再重新注入地下水或者排放进入地表水体,从而减少了地下水和土壤的污染程度;另一方面,可以防止受污染的地下水向周围迁移,减少污染扩散。

原位化学反应技术:微生物生长繁殖过程存在必需营养物,通过深井向地下水层中添加微生物生长过程必需的营养物和高氧化还原电位的化合物,改变地下水体的营养状况和氧化还原状态,依靠土著微生物的作用促进地下水中污染物分解和氧化,其过程如图2.19 所示。

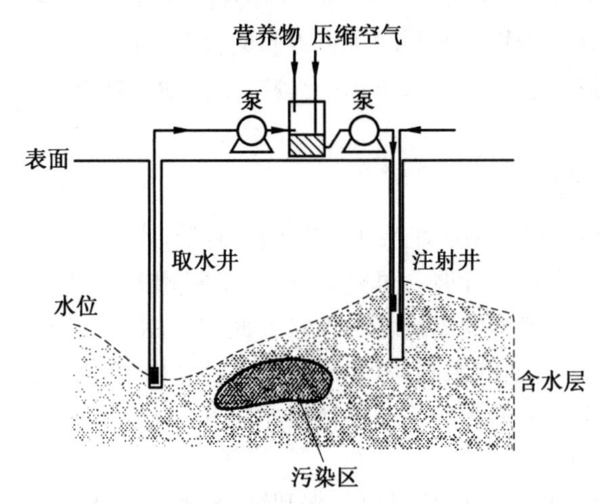

图 2.19 原位化学反应技术处理过程

生物修复技术:生物修复技术是利用微生物自身代谢作用降解土壤和地下水中污染物,将其最终转化为无机物质。生物修复技术分为原位生物修复和地面生物处理两类。原位生物修复是在基本不破坏地下水自然环境和土壤的条件下,将受污染的土壤进行原位修复。原位生物修复又分为原位自然生物修复和原位工程生物修复。原位自然生物修复,是利用土壤和地下水原有的微生物,在自然条件下对污染区域进行自然修复。但是,自然生物修复也并不是不采取任何行动措施,同样需要制订详细的计划方案,鉴定现场活性微生物,监测污染物降解速率和污染带的迁移等。原位工程生物修复指采取工程措施,有目的地操作土壤和地下水中的生物过程,加快环境修复。在原位工程生物修复技术中,一种途径是提供微生物生长所需要的营养,改善微生物生长的环境条件,从而大幅度提高野生微生物的数量和活性,提高其降解污染物的能力,这种途径称为生物强化修复;另一种途径是投加实验室培养的对污染物具有特殊亲和性的微生物,使其能够降解土壤和地下水中的污染物,称为生物接种修复。地面生物处理,是将受污染的土壤挖掘出来,在地面建造的处理设施内进行生物处理,主要有泥浆生物反应器和地面堆肥等。

生物反应器法:生物反应器法是抽提地下水系统和回注系统结合并加以改进的方法,就是将地下水抽提到地上,用生物反应器加以处理的过程。这种处理方法自然形成一个闭路环,包括4个步骤:

(1)将污染地下水抽提至地面。

(2)在地面生物反应器内对其进行好氧降解,并不断向生物反应器内补充营养物和氧气。

(3)处理后的地下水通过渗灌系统回灌到土壤内。

(4)在回灌过程中加入营养物和已驯化的微生物,并注入氧气,使生物降解过程在土壤及地下水层内得到加速进行。

整个处理过程如图2.20所示。

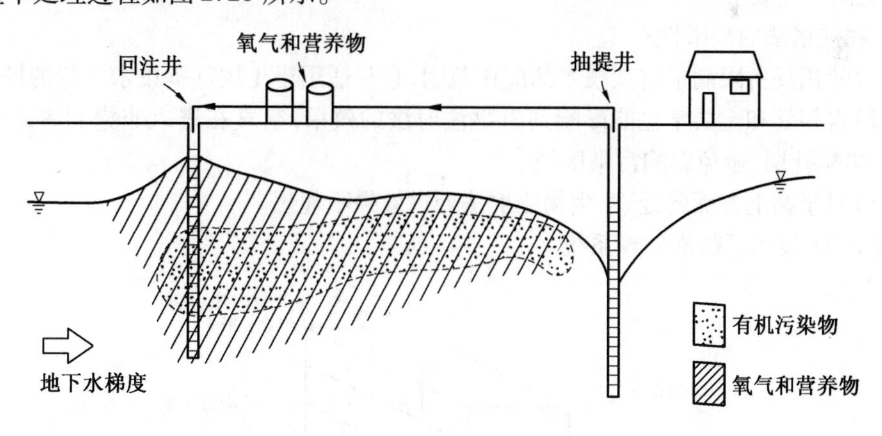

图2.20　生物反应器处理过程

虽然生物修复技术已历经长期发展并不断被完善,但由于受生物特性的限制,生物修复技术还存在着许多的局限性。

(1)由于污染物的种类繁多,微生物不能降解环境中的所有污染物。所以生物修复对具有难生物降性、不溶性污染物的土壤以及含有腐殖质的泥土修复效果不明显。

(2)在实施生物修复系统时,要求对地点状况进行详尽的考察。工程前期的考察往往耗时耗力。

(3)生物修复技术对土壤状况有严格的要求,一些低渗透性土壤往往不宜采用生物修复技术。

(4) 微生物活性受温度和其他环境条件的影响，一旦温度或其他条件不适宜，微生物活性就会受到较大的影响，其对污染物的降解能力就会下降。此外，特定的微生物只降解特定的化合物类型，化合物形态一旦变化就难以被原有的微生物酶系降解。

(5) 有些情况下，生物修复不能将污染物全部去除，因为当污染物浓度太低不足以维持一定数量的降解菌时，残余的污染物就会留在土壤中，为二次污染留下隐患。

纵使存在不足，但生物修复技术表现了极大的发展潜力。所以为了进一步提高生物修复效率，许多辅助技术被开发：

(1) 将注意点转移到植物系统上，通过植物根际环境改善微生物的栖息环境，从而加强微生物的生长代谢来促进污染地下水的原位修复。

(2) 以计算机作为辅助工具来设计最佳的修复环境，预测污染物降解的动力学和微生物的生长动态。

(3) 寄希望于潜力极大的遗传工程微生物系统，通过基因螯合或降解质粒来获得降解能力更强、清除极毒和极难降解有机污染物效果更好的微生物。

生物注射法：

(1) 它是对传统气提技术加以改进而形成的新技术。

(2) 它主要是在污染地下水的下部加压注入空气，气流能加速地下水和土壤中有机物的挥发和降解。

(3) 这种方法主要是通气、抽提联用，并通过增加及延长停留时间促进生物代谢进行降解，提高修复效率。

生物注射法的局限性：

(1) 使用场所限制了这项技术的应用范围，它只适用于土壤气提技术可行的场所。

(2) 岩相学和土层学也能影响到生物注射法的效果，空气在进入非饱和带之前应尽可能远离粗孔层，避免影响污染区域。

(3) 对于黏土方面的处理，生物注射法处理效果不理想。

图 2.21 展示了微泡处理系统。

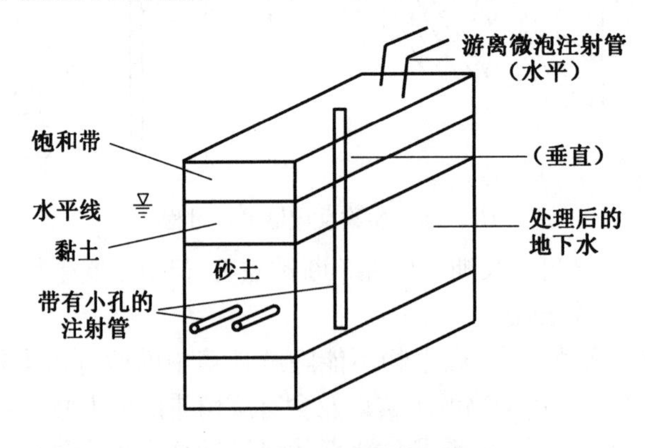

图 2.21　微泡处理系统示意图

有机黏土法：指利用人工合成的有机黏土有效去除有毒化合物，如图 2.22 所示。

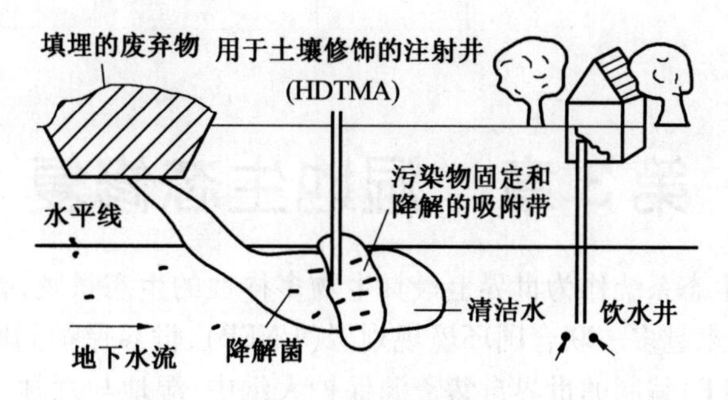

图 2.22　有机黏土法修复系统示意图

第3章 湿地生态修复

近年来,湿地生态系统作为世界上最具生物多样性的生态景观,备受重视,同时与湿地相关的研究也越来越多。联合国环境规划署(UNEP)、世界保护同盟(IUCN)和世界自然保护基金会(WWF)编制的世界自然资源保护大纲中,湿地与森林、海洋一起并列为全球三大生态系统。

有别于陆生生态系统(草地、森林等)和其他水域生态系统,湿地是一类介于两者之间的生境。由于环境学与水文学存在许多分支学科,不同学科中湿地的定义也不同。因此,在进行湿地修复时,通常需要对湿地类型加以区别。

3.1 湿地的概念与类型

《湿地公约》将湿地定义为"自然或人工,长久或暂时性的沼泽地、泥炭地或水域地带,静止或流动的淡水、半咸水和咸水体,包括低潮时不超过6 m的水域"。湿地是陆地和水生生态系统间的过渡带,其水位常常较浅或接近陆地表面,主要分布在海岸带和部分内陆区域。湿地既包含一系列湿度不同的生境,也包括许多旱生生态系统的环境因素;同时,由于在地形条件和补给水源的综合作用下形成此类湿地生境,即在排水不畅、水源充足或两者综合作用下发展形成,因此水生生态系统的一些特征在湿地也有所显示。水源及其机制的不同可以增加湿地的多样性。

一般来说,湿地可分为内陆湿地生态系统和海岸带湿地生态系统,其中,前者可细分为内陆淡水沼泽、北方泥炭湿地、南方深水沼泽和海岸湿地四类,后者又可细分为潮汐盐沼、潮汐淡水沼泽和红树林湿地三类。我国一些学者曾根据地理分布及形成特点的不同将湿地划分为滨海湿地、河口湿地、河流湿地、湖泊湿地和沼泽湿地五种类型。

3.2 湿地的结构和功能

3.2.1 湿地的结构

淡水湿地生态系统包括湿地动物、湿地植物、细菌和真菌四个生物类群及其非生物环境,组成极为复杂。湿地的水文特征影响着湿地结构,一方面水的物理特性及其移动如降水过程、地面和地下水流、水流方向和动能以及水的化学性质等可能对湿地结构有一定程度的改变,另一方面土壤积水期(Hydroperiod),即积水的持续时间、频度、水的深度和发生季节等也会对湿地结构产生一定作用。

在半水、半陆的生态环境条件下,湿地动物群落和植物群落具有明显的水陆相兼性和过渡性。湿地动物是生态系统中的消费者,种类主要包括涉禽、游禽、两栖和哺乳类鱼类等，其中有的是珍贵的或有经济价值的动物，如黑龙江西部扎龙和三江平原芦苇沼泽中的世界濒危物种丹顶鹤、三江平原沼泽中的白鹤、天鹅等。湿地中还有哺乳动物水獭、麝鼠和两栖动物如花背蟾蜍、黑斑蛙等。湿地植物群落包括乔木、灌木、小灌木、多年生禾本科、莎草科和其他多年生草本植物以及苔藓和地衣。湿地植物是生态系统中能量的固定者和有机物质的最初生产者，是最重要的营养级，居于特别重要的地位。不同地区、不同类型的湿地生态系统中植物成分也有所差别。

3.2.2　湿地的功能

湿地具有"天然蓄水库""地球之肾""生物生命的摇篮"等美誉。作为一种生态系统，其主要的功能体现在：调节区域乃至全球碳、氮等元素的生物地球化学循环；调控区域内的水分循环；调节生物生产力，分解进入湿地的各种物质，作为生物的栖息地等。对人类来说，这些功能体现的价值包括：调控洪水、暴雨的影响，提供生物多样性的载体，过滤和分解污染物，调控洪水、暴雨的影响，提供食物和商品，提供旅游地点等。

首先，湿地是重要的物质储存场所，并具有降解污染物的功能。湿地中储存了大量的化学、生物及遗传物质，并且是许多污染物质的汇。湿地可利用物理、化学和生物的综合效应，沉淀、吸附、离子交换、配合反应、硝化、反硝化、营养元素吸收、生物转化和微生物分解等过程，对进入湿地中的污染物进行降解。利用湿地生态系统处理污水的方法已在实践中得到应用，我国就是个典型的例子。结果证明，在同等的污水处理效果上，湿地污水处理系统的基建投资和运行费用都相对较低，且具有一定的生态效应。

湿地在涵养水源、调蓄洪水和维持区域水量平衡中也具有重要的功能。大量持水性良好的泥炭土和植物分布在湿地中，能在短时间内蓄积洪水并在相对长的时间内将水分释放，最大限度地避免水灾和旱灾，是蓄水防洪的重要手段。此外，湿地区域的小气候能被大量植物蒸腾及水分蒸发作用所调节。

湿地具有生产功能，能够为人类提供丰富的动植物产品。对湿地进行排水后用于农业、林业生产可以获得很好的收成，或者可以直接从湿地中获取动植物产品(如芦苇等)。另外，湿地还可以为人类提供丰富的泥炭源。

其次，湿地是生物多样性的载体。湿地的生境类型本身就具有多样性，这种多样性造就了湿地生物群落的多样性和湿地生态系统类型的多样性。丰富多彩的动植物群落需要复杂而完备的特殊生境，湿地生态系统所处的独特的生态位恰好实现了这一目标，因而对野生动植物的物种保存发挥着重要作用。其特殊生境的重要性特别体现在它是许多濒危野生动物的独特生境，因而，湿地是天然的基因库，它和热带雨林一样，在保存物种多样性方面具有重要意义。

此外，湿地还具有景观价值，能够为人类提供旅游、休憩的场所。

3.3　人类对湿地生态系统的影响

湿地曾经被认为是无价值的，甚至一度被视为引起疾病或令人不快的危险地带。过去几十年世界各国均花费了很大的人力、物力来改变这种观念，阻止对湿地的破坏。湿地丧失和退化主要包括物理、生物和化学三方面的原因。它们具体体现在以下几个方面:筑堤、分流等切断或改变了湿地的水分循环过程;建坝淹没湿地;围垦湿地用于农业、工业、交通和城镇用地;过度砍伐、焚烧湿地植物;过度开发湿地内的水生生物资源;排放污染物;堆积废弃物。此外,湿地结构与功能还受全球变化的潜在影响。

尽管有一些自然机制(如洪水冲刷)使一部分湿地得以修复,但是某些人类活动(如城市化或工业化进程)已经对湿地造成严重的、有时甚至是根本性的破坏。存在的实际问题如图 3.1 所示。

图 3.1　被破坏的湿地

资料一:素有"鸟儿的天堂"美誉的河北省昌黎滦河三角洲,至今仍然立有"保护湿地资源,维护生态平衡"的石碑。最为讽刺的是,1996 年后,这里的湿地面积逐年递减,最后全部被开发成一块块稻田,挖为一片片池塘,变成了经济地。

资料二:北戴河被誉为"世界观鸟地之一",其湿地面积也在以惊人的速度被蚕食。昔日拥有 333 km^2 滩涂、沼泽地,如今却所剩无几。曾经所谓的"世界观鸟地之一",现在只剩下两三块湿地有鸟儿可观了。

资料三:成片的高楼大厦建起来了,成片的柿子树倒下了,成片的水塘消失了……这就是杭州的建设过程。

资料四:扎龙湿地是乌裕尔河下游河道丢失、河水散溢形成的,这里由 228 个大小泡沼和广阔的草原草甸组成。起初由于缺乏对扎龙湿地的保护意识,上游地区大搞农业开发,形成了不少人为工程,上游截留水源非常厉害,大小水库有 200 多座,急剧缩减了湿地的水源补充。众所周知,湿地的耐干旱性是有极限性的,如果连续数年得不到水源补充,必将造成生态环境的极大破坏而导致湿地功能的丧失。

水资源的不合理利用主要表现为在湿地上游建设水利工程,截留水源,以及注重工农业生产和生活用水,而不关注生态环境用水。图 3.2 展示了人为工程对湿地的影响。

(1)广西桂林的水坝

(2)四川若尔盖湿地排水

图3.2　人为工程对湿地的影响

资料五:若尔盖高原湿地位于青藏高原的东北隅,是青藏高原湿地的典型代表,也是世界上海拔最高、面积最大的高原泥炭沼泽的主要分布区之一。若尔盖高原湿地在20世纪60年代基本上还保持着原始的湿地景观,但到20世纪70年代,在全区范围内普遍开展了大规模开沟排水活动,把沼泽湿地改造为“草甸草场”。1972~1974年期间红原、若尔盖两县内开沟700多条,共长1 000 km左右。湿地的疏干排水改变了湿地水文周期,使湿地水位发生显著变化,从而导致湿地植被的演替和生态变化,使得湿地景观面积不断缩减,引发了区域气候变干、湿地的沙化、旱化日趋加重、河流径流流量减少和湿地生物多样性下降等一系列的生态问题。研究表明,若尔盖高原湿地在大规模排水前湿地面积占总景观面积的11.07%,排水后缩减为8.9%。由于湿地景观与非湿地景观之间发生大面积的转移,与排水前相比,各类型自然湿地景观的斑块数都明显减少,平均斑块面积增加,最大斑块面积除河流湿地外也表现为增加变化。湿地景观多样性指数、均匀度、优势度和分维数均表现为下降变化。

水土流失和泥沙淤积导致湿地面积不断减小,功能衰退,洪涝灾害加剧。黄河流域的水土流失情景如图3.3所示。

图3.3　黄河流域水土流失

3.4 湿地生态修复的目标与原则

被破坏之前,湿地的状态可能是湿林地、沼泽地或开放水体, 湿地修复的决策者很大程度上决定了将湿地修复到何种状态,也取决于湿地生态修复的计划者对干扰前原始湿地的了解程度。在淡水湿地的生态修复过程中,湿地重要环境因子之间错综复杂的关系,人们往往缺乏足够的认识,也无法对湿地中各种生物的栖息地需求和耐性进行完全的统计,因而原有湿地的特性往往不能被修复后的湿地完全模拟。另外, 先前湿地的功能不能被有效地发挥,主要是因为种种因素作用下,修复区的面积通常会比先前湿地面积小。因此,不得不说湿地修复是一项艰巨的生态工程,要想更好地完成淡水湿地的生态修复就需要全面了解干扰前湿地的环境状况、特征生物以及生态系统功能和发育特征等。

3.4.1 湿地生态修复的目标

由于早期湿地受人类活动的干扰(如伐木、森林开垦),以及随之而来的(诸如周期性的焚烧和放牧等)开发活动,很难评价湿地的自然性。因此,在没有自然湿地原始模型的情况下,修复“自然湿地”是不可能的,但这些经人类改造后的湿地可以被修复到一种接近或类似早期自然状态时的状况。对于湿地的自然状态,它固有的环境特征和水供给机制,对确定其修复的目标和状态帮助明显。例如,洪泛平原湿地拥有自然波动的水平衡,在此类湿地进行修复时就不能将其修复为永久湿地。反之,那些需要修复为永久性湿地的地带,不能将洪泛平原作为选址模板。

湿地的修复是把退化的湿地生态系统修复成健康的功能性生态系统,这一过程是通过人类活动实现的。生态修复的目标一般包括四个方面:生态系统结构与功能的修复、生态环境的修复、生物种群的修复以及景观的修复。作为一种特殊的生态系统,湿地的生态修复主要侧重于特殊生境与景观的再造、适宜的水文学修复、沼泽植物的再引入与植被修复、入侵物种的控制和物种多样性的丰富等。按照生态系统与群落的次生演替理论,退化生态系统在足够的时间条件下都有自我愈合创伤的能力。若生态胁迫得以削减或消失,它们都能修复到原来的状态。但是,实际上很多生态修复工程都被人工干预,其目的是为了创造有利于生态系统修复的生态条件,进而加速生态修复进程。退化湿地生态系统所面临的生态胁迫不一样,其生态修复设计的总体思路及其必须解决的问题也不一样。

(1)修复湿地功能。对人类社会而言,湿地具有很多“服务功能”,特别是有助于小区域甚至全球范围内生态环境的改善和调节。例如,湿地有助于控制水资源供给和调控河流洪水与海洋侵蚀。泥炭积累型湿地对全球碳循环和气候变化具有十分重要的意义,是因为它是大气中二氧化碳重要的汇。但这些功能的发挥在很大程度上依赖于湿地保护及其功能的维持,因此需要修复湿地生态系统。

此外,湿地还具有很多经济功能。通常通过修复措施进行排水可提高湿地内畜牧业产值、增加林业和泥炭的开采量。而一些没有排水或只有部分排水设施的湿地只能支持低密度放牧,有时只能为收获性产品(如芦苇)提供可更新的源。这些传统的活动逐渐成为湿地修复的驱动力之一。早期一些破坏性活动(如泥炭开发)为野生生物创造了宝贵的栖息地,陆地泥炭湿地的修复为野生生物水生演替系列(Hydrosere)提供了活力,有时也成为湿地修复的重要目标之一。

(2)保护野生生物。以野生生物保护为目标的湿地修复可分为:目标种和群落(Target Species and Community Types)的修复、自然特征(Naturalness)的修复和生物多样性(Biodiversity)的修复。

(3)修复传统景观与土地利用方式。从湿地形成与发展来看,目前某些湿地特征是传统的土地利用方式形成的(但当今这些土地利用方式似乎有点"落伍",例如,夏天收割湿地植物,作为沼泽干草);其他湿地也已被改造成了低湿度的草地。这些景观可被称为"活的自然博物馆",是湿地修复目标的焦点之一。

目前,中国进行的淡水湿地生态修复尝试包括增加湖泊的深度和广度以扩大湖容,增加鱼的产量,增强调蓄功能;提高地下水位养护沼泽,改善水禽栖息地;修复泛滥平原的结构和功能以利于蓄纳洪水,提供野生生物栖息地以及户外娱乐区,同时修复水体的水质;迁移湖泊、河流中的富营养沉积物以及有毒物质以净化水质等。目前的淡水湿地修复实践主要集中在沼泽、湖泊、河流及河缘湿地的修复上。

3.4.2　湿地生态修复的原则

据不完全统计,全球约有 860 万 km^2 的湿地,约占地球陆地表面积的 6%。随着社会和经济的发展,全球约 80% 的湿地资源丧失或退化。由于湿地被普遍破坏,当前情况下,人们无法对全部的湿地资源进行生态修复。因此,对湿地资源进行生态修复必须有所选择地进行,并遵循一定的原则。

(1)优先性原则。对淡水湿地的生态修复应该具有选择性,有针对性地从当前最紧迫的任务出发。应该在全面了解湿地信息的基础上,选择生物多样性较好具有保护价值的湿地、具有代表性的以及具有强大生态功能、影响到地区发展的湿地进行优先的生态修复。

(2)可行性原则。对淡水湿地进行生态修复必须考虑生态修复方案的可行性,其中包括技术的可操作性和环境的可行性。通常情况下,现在的环境条件及空间范围在很大程度上决定了湿地修复的选择性。现存的环境状况是自然界和人类社会长期发展的结果,其内部组成要素之间存在着相互作用、相互依赖的关系,尽管人们可以在湿地修复过程中人为创造一些条件,但不是强制管理,只能在退化湿地基础上加以引导,只有这样才能使修复具有自然性和持续性。比如,在寒冷和干燥的气候条件下,自然修复速度比较慢,而温暖潮湿的气候条件下,自然修复速度比较快。不同的环境状况,修复花费的时间不同,在恶劣的环境条件下,修复甚至很难进行。另外,一些湿地修复的愿望是好的,设计也很合理,但实际操作较困难,所以现实中修复工作不可行。因此全面评价可行性是湿地成功修复的保障。

(3)美学原则。湿地具有多种功能和价值,不但表现在生态环境功能和湿地产品的用途上,在美学、旅游和科研等方面也有较好的体现。因此在湿地的生态修复中,应该注重对湿地美学价值和景观功能的修复。如许多国家对湿地公园的修复,就充分注重了湿地的旅游和景观价值。

3.5 湿地生态修复的过程和方法

直接修复的方法可应用于当湿地的破坏程度相对较小的情况下,但是当湿地环境破坏已经比较严重以至于不能够直接进行修复的时候,必须通过某些方法和技术来重建湿地。通常人们不会完全采用自然演替这种方法进行湿地的再生,主要是因为其过程所需时间过长。不过演替再生可以为淡水湿地的生态修复提供长期稳定的基础,因为它提供了一个比较好的生态修复起点。

进行淡水湿地生态修复很可能要面对一系列不利因素,这些因素来源于湿地外的破坏。湿地的水和营养供给都来源于外部,因此,相对于许多其他栖息环境而言,湿地受外界影响更深。控制整个流域而不仅仅是湿地本身,才能更有效地进行修复。实际上,不同的修复方法适用于不同的湿地,因此很难有统一修复的模式,但是在一定区域内,相同类型的湿地修复应遵循一定的模式。从各种湿地修复的方法中可归纳出如下的方法:修复湿地与河流的连接为湿地供水;尽可能采用工程与生物措施相结合的方法修复;利用水文过程加快修复进度;利用水周期、深度、年或季节变化和持留时间等改善水质;修复洪水的干扰;调整湿地中有机质含量及营养含量;停止从湿地抽水;控制污染物的流入;修饰湿地的地形或景观;根据不同湿地选择最佳位置重建湿地的生物群落;建立缓冲带以保护自然的和已经修复的湿地;减少人类干扰,提高湿地的自我维持能力;发展湿地修复的工程和生物方法;开展各种湿地结构、功能和动态的研究;建立不同区域和类型湿地的数据库;建立湿地稳定性和持续性的评价体系。

3.5.1 湿地生态修复的过程

湿地生态修复的过程常包括净化水质、去掉顶层退化土壤、清除和控制干扰、引种乡土植物和稳定湿地表面等步骤。但由于湿地中的水位经常波动,具有各种干扰,因此在湿地修复时必须考虑这些干扰,并将其作为修复的一部分。与其他生态系统修复过程相比,湿地生态系统的生态修复过程具有明显的独特性;物质循环变化幅度大;兼有成熟和不成熟生态系统的性质;消费者的生活史短但食物网复杂;空间异质性大;高能量环境下湿地被气候、地形和水文等非生物过程控制,而低能量环境下则被生物过程所控制。这些生态系统过程特征在淡水湿地的生态修复过程中都应该予以考虑。

资料一:

洪湖人工湿地系统水质净化工程(为“国家重点环境保护实用技术示范工程”)。

深圳市环境科学研究所于1999年初开始设计和修建了“洪湖人工湿地系统水质净化工程”,系统设计规模为1 000 t/d,人工湿地植物池占地面积2 400 m^2。

出水水质优于景观用水标准,可补充洪湖公园湖面的蒸发水量,并用于浇灌公园草地,缓解了洪湖冬季严重缺水的问题,可停止使用沿湖的污水做水源补充,达到逐步改善洪湖水质的目的。

资料二:

嘉兴市石臼漾水厂水源生物——生态修复示范工程位于嘉兴市区西北角楔形绿地,

是石臼漾水厂（日供水能力25万 m^3/d）的水源地，总面积约为2 585 333 m^2，湿地核心净化区面积约为1 086 667 m^2：包含生物预处理区、根孔湿地生态净化区、深度水源净化区。石臼漾生态湿地工程北郊河西侧区块（约273 333 m^2）于2009年5月建成，并与先期建成的北郊河东侧区块（约813 333 m^2）联合试运行，之后对湿地系统进行了进一步优化完善。水源主要水质指标改善情况为：浊度、氨氮、总铁去除率均大于30%，总磷去除率大于25%，总锰、总氮去除率大于15%，高锰酸盐指数去除率为5%。该工程为石臼漾水厂每日25万t的安全供水奠定了重要基础。同时湿地储水能力为120万 m^3，在河网遭到突发性污染时，具备接近5 d的应急供水保障能力。

此外，湿地工程还带来区域环境改善、生物多样性保护、区域宜居舒适度提升等多重生态服务功能。浙江省嘉兴市石臼漾水源生态湿地工程获住建部2011年中国人居环境范例奖（建城[2011]203号）和2012年迪拜国际改善居住环境最佳范例奖（建办城函[2013]24号）。

3.5.2　湿地生态修复的方法

由于湿地生态修复的目标与策略不同，采用的关键技术也不同。根据目前国内外对各类湿地修复项目研究的进展，可概括出以下几项湿地修复技术：土壤种子库引入技术；生物技术，包括生物操纵（Biomanipulation）、生物控制和生物收获等技术；源、非点源控制技术；土地处理（包括湿地处理）技术；光化学处理技术；废水处理技术，包括物理处理技术、化学处理技术、氧化塘技术；点沉积物抽取技术；先锋物种引入技术；种群动态调控与行为控制技术；物种保护技术等。这些技术中有的已经建立了一套比较完整的理论体系，有的正在发展过程中。在许多湿地修复的实践中，常常实行几种技术联用，并取得了显著效果。在此将从湿地补水增湿措施、控制湿地营养物、改善湿地酸化环境、控制湿地演替和木本植物入侵，以及修复湿地乡土植被五个方面介绍湿地的生态修复方法与技术。

(1)湿地补水（Rewetting）增湿措施。短暂的丰水期对于所有的湿地都曾经存在过，但各个湿地在用水机制方面仍存在很大的自然差异。在多数情况下，诸如湿地及周围环境的排水、地下水过度开采等人类活动对湿地水环境具有很大的影响。一般认为许多湿地在实际情况下往往要比理想状态易缺水干枯，因此对湿地采取补水增湿的措施很有必要。但根据实践结果发现，这种推测未必成立。原因在于目前湿地水位的历史资料仍然不完备，而且部分干枯湿地是由自然界干旱引起的。有资料还表明适当的湿地排水不但不会破坏湿地环境，反而会增加湿地物种的丰富度。

但一般对曾失水过度的湿地来讲，湿地生态修复的前提条件是修复其高水位。但想完全修复原有湿地环境单单对湿地进行补水是不够的，因为在湿地退化过程中，湿地生态系统的土壤结构和营养水平均已发生变化，如酸化作用和氮的矿化作用是排水的必然后果。而增湿补水伴随着氮、磷的释放，特别是在补水初期，因此，湿地补水必须要解决营养物质的积累问题。此外，钾缺乏也是排水后的泥炭地土壤的特征之一，这将是限制或影响湿地成功修复的重要因素。

可见，进行补水对于湿地生态修复来说仅仅是一个前奏，还需要进行很多的后续工作。而且，由于缺乏湿地水位的历史资料，人们往往很难准确估计补充水量的多少。一般而言，补水的多少应通过目标物种或群落的需水方式来确定，水位的极大值、极小值、平均最大值、平均最小值、平均值以及水位变化的频率与周期都可以影响湿地生态系统的结构与功能。

湿地补水首先要明确湿地水量减少的原因。修复湿地的水量也可通过挖掘降低湿地表面以补偿降低的水位、通过利用替代水源等方式进行。在多数情况下，技术上不会对补水增湿产生限制，而困难主要集中在资源需求、土地竞争或政治因素等方面。在此讨论的湿地补水措施包括减少湿地排水、直接输水和重建湿地系统的供水机制。

a. 减少湿地排水。目前减少湿地排水的方法主要有两种：一种是在湿地内挖掘土壤形成潟湖（堤岸）以蓄积水源；另一种方法是在湿地生态系统的边缘构建木材或金属围堰以阻止水源流失，这种方法是一种最简单和普遍应用的湿地保水措施，但是当近地表土壤的物理性质被改变后，单凭堵塞沟壑并不能有效地给湿地进行补水，必须辅以其他的方法。

填堵排水沟壑的目的是为了减少湿地的横向排水，但在某些情况下，沟壑对湿地的垂直向水流也有一定作用。堵塞排水沟时可以通过构设围堰减少排水沟中的水流，在整个沟壑中铺设低渗透性材料可减少垂直向的排水。

在由高水位形成的湿地中，构建围堰是很有效的。除了减少排水，围堰的水位还比湿地原始状态更高。但高水位也潜藏着隐患：营养物质在沟壑水中的含量高时，会渗透到相连的湿地中，对湿地中的植物直接造成负面影响。对于由地下水上升而形成的（Soligenous）湿地，构建围堰需进行认真的评价。因为横向水流是此类湿地形成的主要原因，围堰可能造成淤塞，非自然性的低潜能氧化还原作用可能会增加植物毒素的作用。

湿地供水减少而产生的干旱缺水这一问题可通过围堰进行缓解。但对于其他原因引起的缺水，构建围堰并不一定适宜，因为它改变了自然的水供给机制，有时需要工作人员在这种次优的补水方式和不采取补水方式之间进行抉择。

减少横向水流主要通过在大范围内蓄水。堤岸是一类长的围堰，通常在湿地表面内部或者围绕着湿地边界修建，以形成一个浅的潟湖。对于一些因泥炭采掘、排水和下陷所形成的泥炭沼泽地，可以用堤岸封住其边缘。泥炭废弃地边缘的水位下降程度主要取决于泥炭的水传导性质和水位梯度。有时上述两个变量之一或全部值都很小，会形成一个很窄的水位下降带，这种情况下通常不需补水。在水位比期望值低很多的情况下，堤岸是一种有效的补水工具，它不但允许小量洪水流入，而且还能减少水向外泄漏。

修建堤岸的材料很多，包括以黏土为核的泥炭、低渗透性的泥炭黏土以及最近发明的低渗透膜。其设计一般取决于材料本身的用途和不同泥炭层的水力性质。但沼泽破裂（Bog Bursts）的可能性和堤岸长期稳定性也需要重视，目前尚不清楚上述顾虑是否合理，但堤岸的持久性必须加以考虑。对于那些边缘高度差较大（>1.5 m）的地方，相比于单一的堤岸，采用阶梯式的堤岸更合理。阶梯式的堤岸可通过在周围土地上建立一个阶梯式的潟湖或在地块边缘挖掘出一系列台阶实现。而前者不需要堤岸与要修复的废弃地毗连，因为它的功能是保持周围环境的高水位。这种修建堤岸方式类似于建造一个浅的潟湖。

b. 直接输水。对于由于缺少水供给而干涸的湿地，在初期采用直接输水来进行湿地修复效果明显。人们可以铺设专门给水管道,也可利用现有的河渠作为输水管道进行湿地直接输水。供给湿地的水源除了从其他流域调集外,还可以利用雨水进行水源补给。雨水补水难免会存在一定的局限性,特别是在干燥的气候条件下;但不得不承认雨水输水确实具有可行性,如可划定泥炭地的部分区域作为季节性的供水蓄水池(Water Supply Reservoir),充当湿地其他部分的储备水源。在地形条件允许的情况下,雨水输水可以通过引力作用进行排水(包括通过梯田式的阶梯形补水、排水管网或泵)。潟湖的水位通过泵排水来维持,效果一般不好,因为有资料表明它可能导致水中可溶物质增加。但若雨水是唯一可利用的补水源,相对季节性的低水位而言这种方式仍然是可行的。

c.重建湿地系统的供水机制(Water Supply Mechanisms)。湿地生态系统的供水机制改变而引起湿地的水量减少时,重建供水机制也是一种修复的方法。但是,由于大流域的水文过程影响着湿地,修复原始的供水机制需要对湿地和流域都加以控制,这种方法缺少普遍可行性。单一问题引起的供水减少更适合应用修复供水机制的方法(如取水点造成的水量减少),这种方法虽然简单但很昂贵,并且想保证湿地生态系统的完全修复仅通过修复原来的水供给机制不够全面。

表3.1中描绘了湿地类型及其修复方式。

表3.1　湿地类型及其修复方式

湿地类型	修复的表现指标	修复策略
低位沼泽	水文(水藻、水温、水周期) 营养物(N、P) 动物(珍稀及濒危动物) 植被(盖度、优势种) 生物量	减少营养物输入 修复高地下水位 草皮迁移 割草及清除灌丛 修复对富含Ca、Fe地下水的排泄
湖泊	富营养化 溶解氧 水质 沉积物毒性 鱼体化学品含量 外来物种	增加湖泊的深度和广度 减少点源、非点源污染 迁移营养沉积物 消除过多草类 生物调控
河流、河缘湿地	河水水质 混浊度 鱼类毒性 沉积物	疏浚河道 切断污染源 增加非点源污染净化带 防止侵蚀沉积
红树林湿地	溶解氧 潮汐波 生物量 碎屑 营养物循环	禁止矿物开采 严禁滥伐 控制不合理建设 减少废物堆积

(2)控制湿地营养物。许多地区的淡水湿地中富含营养物质都是由于水流的营养积累作用(特别是农业或者工业的排放)造成的。营养物质的含量受水质、水流源区以及湿地生态系统本身特征的影响。由于湿地生态系统面积较大,对一个具体的湿地而言,一般无法预测营养物质的阈值要达到多少才能对生态修复的过程起到决定性作用。

但是对于水量减少的湿地而言,鉴于干旱,沉积在土壤里的很多营养物质会被矿化。矿化的营养物质会造成土壤板结,致使排水不畅。各类报道表明排水后的湿地土壤中氮的矿化作用会增加,相反,磷的解吸附速率以及脱氮速率可因水位升高而加快。这种超量的营养物积累或者矿化可能对生态修复造成负面的影响。因此,湿地系统中的有机物含量需人为进行调整,通常情况下是降低湿地生态系统中的有机物含量。降低湿地生态系统中有机物含量的方法包括吸附吸收法、剥离表土法、脱氮法和收割法。

(3)改善湿地酸化环境。湿地酸化是指湿地土壤表面及其附近环境 pH 降低的现象。湿地酸化程度取决于湿地系统的给排水状况、进入湿地的污染物种类与性质(金属阳离子和强酸性阴离子吸附平衡)以及湿地植物组成等。在某些地区,酸化是湿地在自然条件下自发的过程,与泥炭的积累程度密不可分,但不受水中矿物成分的影响。酸化现象较易出现在天然水塘中漂浮的植被周围和被洪水冲击的泥炭层表面。湿地土壤失水会导致 pH 下降,此外,有些情况下硫化物的氧化也会引起酸性(硫酸)土壤含量的增加。

(4)控制湿地演替和木本植物入侵。一些湿地生境处于顶级状态(如由雨水产生的鱼塘)、次顶级状态(如一些沼泽地)或者演替进程缓慢(如一些盐碱地),它们具有长期的稳定性。多数湿地植被处于顶级状态,演替变化相当快,会产生大量较矮的草地,同时草本植物易被木本植物入侵,从而促成了湿地的消亡。因此,控制或阻止湿地演替和木本植物入侵成为许多欧洲地区湿地修复性管理的主要活动,相比之下,在其他地方却没有得到普遍重视。部分原因在于历史上人们普遍任湿地在生境自然发展,而缺乏对湿地的有效管理或管理方式不正确。

(5)修复湿地乡土植被。湿地植被修复主要通过两种方式进行:一种方法是从湿地系统外引种进行人工植被修复,另一种是利用湿地自身种源进行天然植被修复。

下图 3.4 中即为引进人工植被进行湿地修复的实例。

图 3.4　引进人工植被修复湿地实例图

表3.2中绘制了湿地生态系统修复与设计类型及应用范围。

表3.2　湿地生态系统修复与设计类型及应用范围

类型	分类	应用范围	技术措施
用于废水处理的湿地生态设计	表层流湿地设计 渗漏湿地设计	城市、工业污水	物理、化学及生物处理技术;土壤生物自净技术
调整湿地的生态系统设计	就地湿地调整 异地湿地调整	湿地丧失区 湿地开发区	湿地修复与重建;就地保护;生态系统构建与生态工程集成技术
作为洪水及非点源污染控制的湿地生态设计	洪水控制湿地设计 非点源污染控制湿地设计	流域农业区及农场区 流域农业区	生态工程设计技术;水土保持林、草技术;非点源控制技术;水土流失控制与保护技术

3.6　湿地生态修复的检验与评价

淡水湿地的生态修复可让脊椎动物群落、无脊椎动物群落、浮游生物群落、植被及水质成为主要对象,通过观测其变化动态,进行湿地生态修复效果检验与评估,从而为后期湿地的生态管理提供依据。检验与评估过程通常选择生态系统中能典型反映生态系统功能的状况,对几个目标物种与生物类群开展调查,通过实验测试其在生境地存活和生长的状况,进行生物检验,监控生态系统的修复进程。

3.6.1　湿地生态修复的生物检验

(1)生物检验Ⅰ。检验生物多样性的发育与修复状况,自游生物、无脊椎动物、鸟类等生物类群的群落组成与结构,特有种群的种群动态,对现有植被类型的利用,鸟类的迁徙与生境的关系,一些特有种群的种群动态。

(2)生物检验Ⅱ。检验影响植被繁殖(克隆)的因素。主要是芦苇的再生长规律,包括克隆的生物条件(竞争、取食等)、非生物条件(盐碱度、硫化物、铵等)以及克隆体的来源(种子库和植被的生长等)。

(3)生物检验Ⅲ。检验植被的修复状况,包括植被的组成与结构、本地植物的修复、植被的景观修复、植被修复与动物多样性修复的关系。

3.6.2　湿地生态修复评价

(1)生态修复的生态效果评价。即对淡水湿地生态修复的完整性进行评价。它从生态系统的组成结构到功能过程,考察湿地生态系统的修复结果是否违背生态规律,脱离生态学理论,同环境背景符合程度以及湿地的完整统一性。淡水湿地的生态修复应该是生态系统整体的修复,包括水体、土壤、植物、动物和微生物等生态要素,湿地生态系统中不同尺度规模、不同层次、不同类型的多种生态系统。

(2)生态修复的经济效果评价。经济效果评价一方面是修复后的经济效益,即遵循最小风险与效益最大原则,另一方面指修复项目的资金支持强度。湿地修复项目不是一蹴而就的,通常是一个长期并艰巨的工程,修复过程中短期内效益并不显著,往往还需要花费大量资金进行资料的收集和各种监测。而且有时难以对修复的后果以及生态最终演替方向进行准确的估计和把握,因此具有一定的风险性。只有对所修复的湿地对象进行综合分析、论证,才能将修复工程的风险降低到最小。同时,必须保证长期的资金稳定性和项目监测的连续性。

(3)生态修复的社会效果评价。主要评价公众对淡水湿地生态修复的认识状况及程度。在中国,公众对生态修复还没形成强烈的社会意识与共识。因此,增强公众的参与意识,加强湿地保护宣传力度是湿地修复的必要条件,是社会合理性的具体体现。

3.7　湿地生态系统修复工程实例

【实例1】　中国江苏盐城沿海滩涂湿地的生态修复

盐城沿海滩涂湿地地处江苏中部沿海,位于32°20′N～34°37′N,119°29′E～121°16′E,面积为4.53×10^5 hm^2,拥有海岸线582 km。是太平洋西岸、亚洲大陆边缘面积最大的沿海淤泥质滩涂湿地,为世界生物圈保护区网络、“东北亚鹤类保护区网络”重要成员,并已列入国际重要湿地名录。因其独特的水文、水动力以及气候条件致使该区湿地生态类型多样并拥有盐城珍禽自然保护区和大丰麋鹿自然保护区两个国家级保护区。该区位于亚热带向暖温带的过渡地带,季风气候显著,受南北气流和海洋、大陆双重气候的影响,年平均气温介于13.7～14.8 ℃之间,年降水量为900～1 100 mm,雨量丰沛,南部多于北部。灌河、中山河、废黄河、淮河、射阳河、新洋港、斗龙港、川东港、东台河、三仓河等穿过滩涂湿地入海。海滨湿地生物资源丰富,植物450种,鸟类379种,两栖爬行类45种,鱼类281种,哺乳类47种。其中国家重点保护的一类野生动物有丹顶鹤、白头鹤、白鹤、白鹳、黑鹳等12种,二类国家重点保护野生动物有獐、大天鹅等67种。

生态修复的可持续原则不仅包括生态环境的可持续,还应包含经济的可持续和社会的可持续。通过生态修复逐步修复沿海滩涂湿地的结构和功能;通过生态修复促进经济发展从数量的增长向质量的提高转变,走节约能源、资源,减少废物排放的清洁生产之路;通过生态修复的开展,逐步使环境、经济的发展与社会进步相适应。

修复手段主要有:

(1)护岸修复。对于盐城沿海滩涂湿地,在灌河口至射阳河口岸段为典型的侵蚀型海岸,宜采用混凝土加种植植被的方法,保护岸滩;在射阳河口至斗龙港岸段为淤蚀转换岸段,侵蚀强度较北部区域弱,可采用种植互花米草,利用互花米草超强的扩张能力与促淤功能,保滩护岸。

(2)生态系统修复。在盐城丹顶鹤自然保护区和大丰麋鹿自然保护区核心区等生态环境较好的区域,主要采取养护管理方法,维持海滨湿地的生态功能;在斗龙港至东台弶港的广大区域内,由于大面积的围垦,致使滩涂湿地植被遭到严重破坏,有的海岸植被已荡然无存,可以采用植被移植法或播种法,但同时要注意植物群落配置,根据生态位和生境条件差异在盐城沿海滩涂合理配置禾草、碱蓬和米草等植物,为进一步促进生态系统能量流动与物质循环,还需引入石磺、沙蚕、蟹类、贝类等生物,可以在自然保护区缓冲区开展群落配置,扩大自然保护区的有效面积。

(3)环境修复。沿海滩涂湿地环境修复主要包括土壤环境修复和水环境修复,主要从人工污染处理技术、生产工艺技术和管理三方面着手,建立长效机制,尤其采用生态补偿制度。对沿海工业园区包括响水陈家港化工园区、滨海化工园区、射阳双灯集团工业园区等周围受污染的土壤和水域,需要采用人工污染处理技术,一方面,主要借助物理、化学和生物手段将污染物从土壤和水环境中分离出来;另一方面,可以建立隔离带,控制外源污染物,在生态系统层面上进行修复。同时,园区内各企业、各生产线需要革新生产工艺,减少生产过程和末端的污染物排放,走清洁生产之路。管理教育措施,包括宣传教育、提高环境意识、建立生态补偿制度,逐步将环境保护变为自觉行为,构建长效机制。

(引自《海洋湖沼通报》,2016)

【实例2】　北美水鸟管理计划(NAWMP)

为修复日益减少的迁徙鸟类数量,北美水鸟管理计划(NAWMP)由美国和加拿大于1986年启动。它充分体现了修复湿地和混合草地栖息地中国际合作的必要性。1994年由于墨西哥的加入,这个计划已发展至洲际范围。在非联盟伙伴的支持下,三个政府开始实行一项计划,即通过保护、修复和加强湿地与邻近栖息地的方法,使水鸟数量修复到20世纪70年代的水平。计划的焦点是区域"连接危险"地带,保护这些湿地的复杂性对维持水鸟的数量具有决定性作用。1998年更新的计划要求修复6.2×10^6 hm^2万公顷湿地,同时要求加强4.9×10^6 hm^2湿地的保护。

《北美湿地保护法案》(NAWCA)成为NAWMP之后的又一个湿地保护条例。从1991年起,NAWCA为栖息地修复提供了3.43亿美元的资金,其他1 300多个非联盟合作者也提供了7.82亿美元。而自然保护协会、三角洲水鸟协会和加利福尼亚水鸟协会等个人保护组织在湿地的修复和保护中也起到十分重要的作用。迄今为止,在美国和加拿大境内超过1.9×10^6 hm^2的湿地和周围的山地已获得修复或保护。水鸟狩猎者也支持湿地保护,1999年鸭子邮票的销售为栖息地保护创造了4 300万美元的收入。除了从湿地中的水文、生物、地理、化学和营养过程获得的生态价值外,北美湿地的价值还体现在对美国经济的作用上。水鸟的狩猎和观赏可以产生134亿美元的收入,这在1991年大约可以支持13.5万份工作。NAWMP在大规模的栖息地保护和生态修复中有力地证实了,类似大洲迁徙鸟类保护工程相融合的模式是很有效果的。

(引自《生态学杂志》, 2006)

【实例3】　中国辽河三角洲滨海湿地的生态修复

滨海湿地是介于陆地和海洋生态系统之间过渡地带的自然综合体,是地球上生产力最高、生物多样性最为丰富的生态系统之一。受近年来全球气候变化和人类生产活动的双重影响,全球约80%的滨海湿地资源丧失或退化,降低了湿地的生态经济价值并严重干扰了湿地生态服务功能的发挥。随着湿地生态环境恶化对人类的危害日益明显，加大对滨海湿地的保护和对退化湿地的生态修复已刻不容缓。

湿地生态修复的总体目标是采用适当的生物、生态、物化、水文等工程技术，逐步修复退化湿地生态系统的结构和功能，最终达到湿地生态系统的自我持续状态。在进行湿地退化成因分析后，针对不同实际情况，修复和创建湿地工程的侧重点和要求也会有所不同，一般遵循的原则包含：①最小维护原则，充分利用湿地生态系统中动植物、微生物和基质等自我修复的能力；②充分利用自然能量，利用泛滥河流和潮汐循环协助输送水分和营养盐，增加湿地流动能；③结合水文景观和气候；④实现多重目的，追求最小投入和最大效益化；⑤修复措施具备可持续性，因湿地修复本身是一个长期的过程，需要数年时间才能达到预期效果，所以需预留充足的时间，并进行可持续性维护。

在辽河三角洲开展的生态修复工程中，充分考虑了以上所提的退化成因分析和选址分析，分别根据该区芦苇湿地和翅碱蓬湿地不同的生态特征，选取一定面积的土壤盐分在1%以下的退化滨海盐沼湿地创建芦苇湿地示范区，与一定面积的土壤盐分在1%以上的潮滩裸地创建翅碱蓬湿地示范区。并综合利用植被修复技术、微生物修复技术、环境水文地质学、生态系统调控技术、物理和化学修复技术等交叉学科知识从湿地基质、水文过程、水环境、湿地生物与生境等4个方面对滨海湿地进行修复工程建设。

（引自《海洋地质前沿》，2016）

第4章　海洋和海岸带生态系统的修复

海岸带是地球表层岩石圈、水圈、大气圈与生物圈相互交接、物质与能量交换活跃、各种因素影响最为频繁、变化极为敏感的地带，是海岸动力与沿岸陆地相互作用、具有海陆过渡特点的独立的环境体系，如图4.1所示。海岸带可分为下列三个部分，即陆上部分、潮间带和水下岸坡。高潮线至波浪作用上限之间的狭窄的陆上地带被称为陆上部分（海岸）。潮间带通常也称为海涂，是介于高潮线与低潮线之间的地带。水下岸坡是低潮线以下至波浪有效作用于海底的下限地带。

图4.1　海岸带全貌图

海岸带由于其良好的地理位置、丰富的资源、独特的海陆特性，以及优越的自然条件，成为人类活动最活跃和最集中的地域。同时它也是自然界食物链中的重要组成部分，是鱼类、贝类、鸟类和哺乳类动物的栖息地，大多数生物种群成为各沿岸国家的海产品供给源。在内陆水流入大海的过程中，沿岸水域形成一个污染自净体系。而沙丘、沙质海滨和围堤共同形成保护体系，保护内陆免受风暴、洪水和海浪的侵蚀。

随着工业化和城市化的进程，海岸地常面临着海洋运输、废物排放、人口增长、工业和娱乐活动的重压。海洋是陆上一切污水、废物的主要消纳场所，内陆和沿海地区有大量生活污水、工业废水以及含有农药、化肥的田间排水汇入江河后流入海洋。此外，沿海兴建的拆船厂、在港口停泊或沿海航行的机动船舶、海上平台等将含油污水及废物直接排放入海。有害有毒物质污染河口、海岸带和海洋的环境资源，严重破坏生态系统平衡，危害人体健康。

海洋和海岸带的生态修复，是为了减少资源破坏和避免生态进一步恶化、利用工程和生物技术对已受到破坏和退化的海洋和海岸带进行生态修复措施的总称。由于海洋和海岸带生态系统修复的复杂性、综合性以及有效干预难于实现等原因，淡水和陆地生态系统修复要强于海洋和海岸带生态系统的修复。近些年来，大量工作在沿海系统地区开展起来，主要集中于一些提供动植物特定生存环境的生物区如海草床、珊瑚礁、海岸沙丘、红树林和盐沼，而在其他的生物区开展较少。

海洋和海岸带生态系统的修复涉及一系列的发展阶段。首先要确定干扰因素，对于未来发生潜在不利影响的风险，需采取一定措施进行消除或减小。只有当干扰减缓或停止之后，自然修复才能进行。在大多数情况下，停止干扰并尽快进行自然修复。对于开放的海洋和海岸带生态系统来说，是最理想与最经济的措施。本章重点介绍珊瑚礁、海岸沙丘、红树林、海滩等几类生态系统实践概况与修复的原理。

4.1 珊瑚礁生态系统的修复

4.1.1 珊瑚礁生态系统的特征

珊瑚礁分布在全世界约 110 个国家的热带、亚热带海岸沿线，中国南海诸岛以及海南省沿海一些浅海水域就分布有珊瑚礁生态系统，图 4.2 中即为珊瑚礁的形貌。珊瑚礁生态系统是地球上生物种类最多的生态系统之一。虽然珊瑚礁仅仅覆盖了海洋面积的 0.17%，却可能栖息着所有海洋生物物种总数的 1/4。就全球范围讲，仅热带雨林包含的生物数量高于珊瑚礁，珊瑚礁因此也被称为“海洋中的热带雨林”和“蓝色沙漠中的绿洲”。

图 4.2　珊瑚礁形貌图

珊瑚礁是一个建立在动物、植物和矿物集合体基础上的碳酸盐平台，该平台是经过数百万年的造礁作用，由生物作用产生生物骨壳，其碎屑沉积和碳酸钙积累而成的岩石状物，其中珊瑚虫及其他少数腔肠类动物、软体动物和某些藻类对石灰岩基质的形成起重要作用。

并非所有种类的珊瑚虫均具有造礁作用。只有与虫黄藻共生并能进行钙化、生长速度快的珊瑚虫才具有造礁功能。它们是珊瑚礁生态系统的主要成分,被称为造礁珊瑚。除此之外的不与虫黄藻共生、生长缓慢的珊瑚虫则无造礁功能,为非造礁珊瑚。

微小的单细胞藻类和造礁珊瑚虫组成共生体,藻类存在于珊瑚虫的内胚器官中。这些藻类利用自身光合作用捕捉光能,并将光合作用产物,如碳等,传递给宿主珊瑚。作为回报,珊瑚虫提供给藻类氮、二氧化碳和遮蔽物。珊瑚利用藻类光合作用生产的碳作为其主要的食物来源并加强其骨骼的石灰化作用,显著提高硬度等。

珊瑚生态系统就是由造礁珊瑚生物群体本身形成的地质所支持的特殊的生态系统。珊瑚礁种类繁多,达尔文曾将珊瑚礁在构造上进行了较详细的分类,分别是以下四种类型。

(1)堤礁(Barrier Reefs)。堤礁是狭长的与海岸平行且相对靠近海岸的珊瑚礁或岩石,环绕在离岸更远的外围,与海岸间隔着一个较宽阔的大陆架浅海、海峡、水道或潟湖,常被很深的、不适合珊瑚生长的环礁湖与海岸隔开。

(2)裙礁或岸礁(Fringing Reefs)。靠近海岸而与海平行的珊瑚礁,与陆地之间局部有一浅窄的礁塘,是最常见的珊瑚礁结构。

(3)片状礁(Patch Reefs)。片状礁是分散的不连续的裙礁。

(4)环礁(Atolls)。环礁是一种马蹄形或环形的中间围有潟湖的珊瑚礁。

沿海活动、富营养化和污染对裙礁和片状礁有较大的影响,尤其是离陆地近的珊瑚礁。堤礁因为远离陆地,相比于其他种类的珊瑚礁不易受到影响,而环礁特别容易受到天气变化、海平面上升和资源开发等因素的影响。

4.1.2　珊瑚礁生态系统的功能

即使在养分不足的水域珊瑚礁也能进行养分的有效循环,为大量的物种提供广泛的食物,所以说珊瑚礁具有很高的生物生产力。珊瑚礁构造中众多孔洞和裂隙形成了多种多样的生境,为许多鱼类和无脊椎动物提供了遮蔽所、食物和繁殖场地。某些物种仅存在于这种生态系统之中。

对于沿海生物群落珊瑚礁具有重要作用,例如,它们以自然屏障的形式抵御海风巨浪对海岸的冲击,从而有效地保护林木和建筑设施、海岸地貌;珊瑚礁渔场的建立,为沿海生物群落提供了生境。此外,许多国家开发了珊瑚礁观光等娱乐性活动。珊瑚礁的社会经济价值已被广泛认同,不完全统计每年可达3 750亿美元。

同热带雨林一样,珊瑚在科学,尤其是医学上,存在极大的开发利用的潜能。日本和中国台湾在珊瑚有机体中提取的开尼克酸,可用作检查一种罕见且致命的神经系统疾病——亨廷顿舞蹈病的化学诊断物。此外,研究人员在其他的珊瑚有机体中也发现了含有对艾滋病和癌症研究有用的化学物质。

在全球范围内珊瑚礁还是一种重要的碳吸纳物。研究表明世界范围内珊瑚礁的破坏在一定程度上导致了二氧化碳在空气中的含量日益提高。珊瑚礁还是鸟类重要的生境之一,一些珊瑚岛礁被描述为“丰富的鸟类资源库”,可见其作为鸟类栖息地非同一般的重要性。

珊瑚礁是热带海洋生态系统生物多样性的主要仓库，珊瑚礁的各种生境为许多鱼类和无脊椎动物提供了遮蔽所、食物和繁殖场地。

4.1.3　珊瑚礁生态系统受损的原因

珊瑚礁是地球上最容易受威胁的生态系统之一。在20世纪80年代中期，世界自然保护协会和联合国环境规划署（UNEP）进行的一次考察中表明，人类已经损害或毁灭了93个国家数量可观的近海珊瑚礁。联合国环境规划署、世界渔业中心和国际珊瑚礁行动组织联合发表的调查报告指出，到2002年10月份为止，全球范围内已有400多处珊瑚礁面临消亡的危险；截至今日，被破坏数目只增未减。

农场作业、伐木业、捞泥业、采矿业和其他人类活动造成了大量的沿海泥土流失。流失的泥土沉积在珊瑚礁上，泥沙妨碍了珊瑚上的幼小生物发展新的栖息地；还阻碍了海藻的光合作用，也就减少了供给珊瑚的能量。人类过度捕捞对珊瑚礁造成了又一个威胁。加勒比海、东南亚近海和美国大部分珊瑚礁受到严重威胁的重要原因就是由于过度捕捞。此外，人为的威胁还包括：沿海工程、船只触礁搁浅、化学污染、漏油、观光破坏、营养物质的流失以及杀虫剂等。浅水中的珊瑚能直接被海上油轮溢出的油杀死，并且珊瑚的新陈代谢和再生过程被阻止，高浓度的焦油覆盖珊瑚，会使它们窒息而死。另外，用于清除机油的清洁剂对珊瑚的毒害作用也很明显。观光旅游对珊瑚礁的破坏越来越严重，例如以色列的Eilat珊瑚礁在20世纪90年代的破坏就主要来自人类对珊瑚的观光旅游。

4.1.4　受损珊瑚礁生态系统修复的技术和方法

珊瑚礁的修复通常被看作是一种主动计划，旨在加速其自然修复达到终点，即形成同时具有系统功能性和美学价值的珊瑚礁生态系统。Woodley和Clark则认为珊瑚礁最主要的修复方法是消极法，即在先减缓影响的前提下，再进行自然修复。只有小范围的研究才适于应用积极的修复，包括受损种的修复、成年种的移植以及移走捕食者等。

4.1.4.1　珊瑚移植

珊瑚移植包括对一个健康的珊瑚礁生物群体的片段或整个进行收集，然后将其移植到一个与它环境条件相似的退化的珊瑚礁中。自然修复的速度可因移植成熟的生物群体而被加快，因为它避免了引入一种不适合的幼体，更回避了群体生命周期中具有较高死亡率的幼年期。珊瑚移植的研究主要有两类：生物群体片段的移植和整个珊瑚礁生物群体的移植。但移植方法存在着潜在不足之处。

（1）移植生物群体附着失败：被移植物（即使是已经附着在基底上的）如果暴露在暴风雨或较大的海浪中，损失会很大；被移植物附着失败会给附近的生物群体和被移植物来源地带来损害。

（2）对移植生物群体来源地的影响：这取决于从该地区移走的生物数量以及被采集的是群体的片段还是整个群体。

（3）移植生物群体的生产能力下降。

（4）移植生物群体的死亡率和存活率变化：被移植的生物群体比未受干扰的群体有更高的死亡率。

4.1.4.2　人造珊瑚礁框架

图4.3中展示了人造珊瑚礁框架。人造珊瑚礁框架实现了两个方面对珊瑚礁的促进修复,一是能为珊瑚虫以及其他附着生物提供合适的栖息地。这也是人造珊瑚礁框架在移植中的一个最主要的优点,即它能为一系列生物的迁移定居提供场所,这是单一种的移植无法实现的。二是为鱼类和无脊椎动物提供遮蔽物和避难所。人造珊瑚礁框架的最初目的是用来发展渔业,后来随着珊瑚礁生态系统的破坏情况日益加剧,人们逐渐用它来保护海洋环境进行受损珊瑚礁修复。

图4.3　人造珊瑚礁框架图

目前,可以被用于人造珊瑚礁框架的材料有很多种,如橡胶轮胎、废金属、汽车、PVC管、竹子及混凝土。19世纪初期,日本渔民就利用竹子搭建临时的人造珊瑚礁,以提高捕获量。到20世纪50年代,由于受海洋捕捞业高额利润的影响,日本一些公司利用混凝土、天然石砖等原料建造人造珊瑚礁来提高捕鱼量。但这种方法很快成为一些公司处理废物的途径,废旧汽车、轮胎、船、油罐等纷纷被用来建造人工珊瑚礁,这些物质在海水中分解释放出有害物质,不但没有提高鱼类产量,而且破坏了海岸带生态系统。20世纪70年代,日本海岸带管理机构提出建造新型人造珊瑚礁来提高海岸带生物量,这种新型珊瑚礁采用塑料、玻璃纤维、钢筋和防水水泥等材料,并应用了当时最新的锚固定技术。实践证明将混凝土与轮胎碎片的混合物作为人造珊瑚礁框架的方法非常有效,对其28个月的监测结果表明,在珊瑚礁上聚集了各种鱼类和无脊椎动物,而且它的群落结构与用砾石混凝土的设计结果没有明显不同。经过长期实践证明:混凝土是作为人造珊瑚礁框架的理想材料。但是,珊瑚礁框架应该具有一定的高度并且建造在垂直于大海的方向上,同时框架内部要具有一定空间为各种尺寸的生物提供活动场所。这种方法在许多国家获得广泛应用,而采用的材料、技术和造型也多种多样。

在2001—2003年间,中国曾先后在珠海东澳、广东汕头南澳、福建三都澳官井洋斗帽岛、浙江舟山群岛、江苏连云港市赣榆秦山岛以及海南三亚等地开展大规模的人造珊瑚礁试验。这种人造珊瑚礁与天然珊瑚礁相比,存在一定的劣势。它不能像天然珊瑚礁一样自然生长,很难成为海洋生态系统的有机组成部分,而且相对比较脆弱,例如在美国南佛罗里达，当安德鲁飓风（Hurricane Andrew）经过后，所有的人造珊瑚礁都被不同程度地破坏，有的甚至完全消失。此外，它可能会分解，造成污染；地点的选择和安置可能引起运输问题。而且，只有大量的资金投入和时间付出才能保证人造珊瑚礁框架的成功，因此要对大面积的珊瑚礁进行修复时，使用人造珊瑚礁框架具有相当大的难度。但是假如退化的区域具有较高价值（如海岸保护或娱乐性旅游），则花费或投资相比之下是合理的。有人认为：人造珊瑚礁框架从附近的珊瑚礁系统招引鱼类和其他生物，单纯是一个聚集装置，实质上只是使生物从一个地方转移到另外一个地方，并没有增加海洋生物量。然而有报道称：人造珊瑚礁框架减少了生物受损的机会，因为它为鱼类等生物提供了一个安全的场所，因此增加了海洋生物量。

（1）矿物增长技术（Mineral Accretion Technology，MAT）。20 世纪 90 年代，矿物增长技术被应用于建造新型珊瑚礁，即在人造珊瑚礁上通入低压直流电，利用海水电解析出的氢氧化镁和碳酸钙等矿物附着在人造珊瑚礁上。由于海水电解析出的矿物具有和天然珊瑚礁石灰石相似的物理化学性质，从而加速了石灰石和珊瑚虫骨架的形成和生长。珊瑚在这些结构上的生长非常迅速，与天然珊瑚礁的生长过程极为相似，在珊瑚礁不断增长的同时促进周围生物量的增长，从而达到海岸带保护和海岸带生物种群修复的目的。该技术阳极可以是铅、石墨、钢铁或镀钛物；阴极通常由延伸的铁丝网制成，被建造成简单的几何形状，如圆桶形、薄片、三棱柱和三角锥。这种方法目前已在牙买加、马尔代夫和塞纳尔等国家得到了成功的应用。

对于 MAT，矿物在活跃环境中的稳定性目前尚未被明确，而且经过长时期后珊瑚的存活率目前研究人员也不清楚。而且矿物建造初期耗时长、花费巨大且需要有技能的劳动力。此外，不同的自然环境中 MAT 人造珊瑚礁的实施还没有被验证，潜水者对 MAT 的评价也很缺乏。即便存在以上问题，但 MAT 人造珊瑚礁仍被认为是一种有潜力的珊瑚礁修复方法。

（2）珊瑚礁球（Reef Balls）。由美国的一个公司开发的一种模仿天然珊瑚礁的外观和功能（提供食物、遮蔽物和保护）的特殊产品。构成这种产品的主要材料是混凝土，具有质地粗糙的内外表面，呈纽扣状。它的制造方法是首先将混凝土灌注到一个玻璃纤维的模型中，模型中央有一个多格的浮标，它被许多尺寸不同的、用来制造孔洞的可充气的球包围着。这些充气气球被充气后根据压力的不同可改变孔洞的大小，并提供一个粗糙的表面。“珊瑚礁球”的一个主要优点就是能够漂浮，并且在使用时能被小船拖着。

这种铸造技术使珊瑚礁球表面质地和质量的确定具有很大的灵活性，并能在各种尺寸中得以实现。包括垃圾在内的任何混凝土都可以用来建造这种珊瑚礁球，但是研究人员建议使用适合海洋生物生长的混凝土。

4.1.4.3　珊瑚养殖

在一些地区，珊瑚季节性产卵的时间是可以预测的，利用珊瑚接合体进行珊瑚培育可趁着这样的机会展开。同时，少数种类的珊瑚幼虫是可以成功进行人工饲养的。Heyward 等利用带有网眼围栏的珊瑚幼虫培育池塘，评估了西澳大利亚珊瑚幼虫的存活情况以及珊瑚大量产卵后迁移的结果。

人们需要对大范围珊瑚养殖的可行性以及各种方法的花费进行评估。此外，关于幼体对生境的要求、释放幼体的最理想尺寸以及将幼体固定在珊瑚礁上的方法等需要进一步研究和确定。珊瑚礁修复的一个最明显好处就是为受损珊瑚礁提供了大量的足够大的目标物种。

4.1.4.4 化学诱导增加珊瑚幼虫附着和变态的概率

漂流的浮游幼虫期和海底固着期是珊瑚生活史中的两个典型阶段。实现珊瑚礁生态修复的关键是浮游幼虫要补充到珊瑚礁区。完成幼虫的补充包括三个连续的阶段:幼虫漂流、幼虫附着和变态、幼虫生长。可通过海洋化学信息的吸引,使浮浪幼虫漂流至合适的地方进行附着。移植的珊瑚和原位珊瑚杂交产生的幼虫,在细菌和珊瑚藻分泌的化学物质吸引下,进行附着和变态。许多生物表面的细菌都影响着这些幼虫的附着,如串胞新角石藻(*Neogoniolithon fosliei*)表面的假交替单胞菌(*Pseudoalteromonas*)分泌的四溴吡咯(TBP)可以诱导幼虫的附着和变态。此外,壳状珊瑚藻分泌的溴酪氨酸衍生物也可诱导幼虫变态。

此外,还可以通过在适合珊瑚生长的环境中投放人工礁,在礁体表面增加微型孔洞等促进幼虫的附着。表面结构复杂的礁石是吸引珊瑚幼虫附着的重要因素。退化珊瑚礁区的礁体表面结构固然复杂多样,但水环境条件不利于幼虫附着和生存。因此,选择合适的水域创造微型地形地貌,理论上可增加幼虫附着的成功率。

4.2 红树林生态系统的修复

4.2.1 红树林的概念与特征

印度洋及西太平洋红树林研究者如 Macnae 认为红树植物是只生长在热带海岸介于最高潮与平均高潮线之间的乔木和灌木。美国红树林研究者 Davis 则认为红树植物是指生长在热带沿海潮间带泥泞及松软丰地上的所有植物的总称。中国学者林鹏等认为红树林是指热带海岸潮间带的木本植物群落。但是,由于海洋气候的影响,有的红树植物可以分布到亚热带,有的则因潮汐影响在高潮线边缘而具有水陆两栖现象。红树林中生长的木本植物叫红树植物,一般都不包括群落周围的藤本植物或草本植物。红树科树种是红树林植物群落中的优势种属,这些红树科植物因富含丹宁、树皮韧皮部和木材显红褐色而得名。红树林生态系统是以红树林为主的区域中动植物和微生物组成的一个有机整体。它的生境是滨海盐生沼泽湿地因潮汐更迭而形成的森林环境,图 4.4 中展示了现实中的红树林。

图 4.4　现实中的红树林

4.2.2　红树林的生态效益和社会经济价值

4.2.2.1　净化大气环境，保持人类健康

红树植物利用自身光合作用消耗二氧化碳的同时释放氧气。红树植物属于阔叶林，一般估算，每公顷阔叶林在生长季节 1 天可以消耗二氧化碳 1 000 kg，释放氧气 730 kg。红树林中硫化氢的含量相对较高，硫化氢充当还原剂，泥滩中大量的厌氧细菌在光照条件下利用硫化氢的还原性把二氧化碳还原为有机物。因此，在红树林生态系统中，大量的二氧化碳被吸收，且释放出大量的氧气，这对维持大气碳和氧平衡、净化大气具有十分积极的意义。

4.2.2.2　防风固堤，减缓风灾

沿海地区频繁的台风对海岸产生了很大的威胁。红树植物沿海岸呈带状分布，枝繁叶茂，具有强大而密集交错发达的根系，起到固结土壤、促淤保滩功能的同时，还能抵抗强烈的风浪冲击，减缓水流。当外海波浪进入红树林沼泽地时，受到红树植物灌丛及滩面摩擦力的作用，波长缩短，波高降低，波能被削弱，流速减小，大大减弱了波浪对海岸的冲击力而使堤岸得到保护。红树林属于防风林，能减少台风造成的损害，常被称为“海岸卫士”，图 4.5 对红树林的功能及其被破坏的后果做了简单介绍。

4.2.2.3　抵御温室效应造成的海平面上升

海平面的上升、海水侵吞陆地，是全球温室效应引起的负面影响之一。而红树林具有造陆功能，一方面，红树林本身的凋落物数量很高。其凋落物以及红树林内丰富的海洋生物的排泄物、遗骸等，都为红树林海岸的淤积提供了丰富的物质来源。有资料表明，红树林滩地的淤积速度为附近光滩的 2 ~ 3 倍。红树林加速了沧海变陆地的进程，从而抵御全球温室效应带来的海平面上升、海水侵吞陆地的后果。另一方面，通过红树植物发达的根系网罗碎屑，加速潮水和陆地径流带来的泥沙和悬浮物在林区的沉积，促进土壤的形成，土壤淤积使沼泽不断升高，林区土壤逐渐变干，土质变淡，最终成为陆地。实验表明，

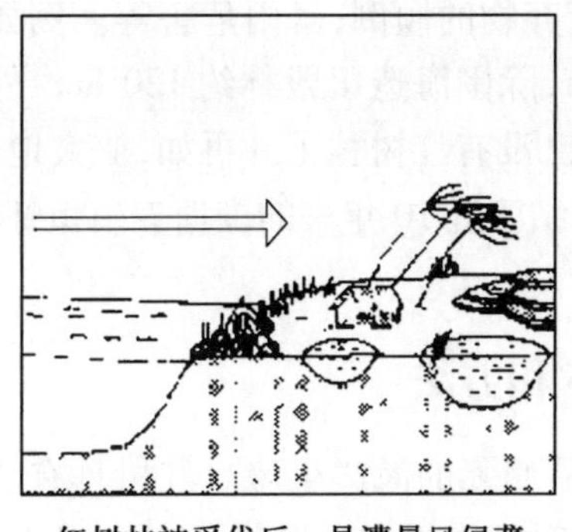

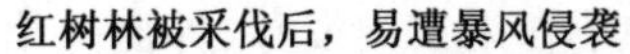
红树林被采伐后，易遭暴风侵袭　　防止自然力的破坏—防风

图4.5　红树林的功能及其被破坏的后果图

在红树林的堤岸边和无红树林的堤岸边，同样体积的海水，后者所含的泥沙是前者的7倍。

4.2.2.4　浓缩放射性物质，净化水质

红树林能过滤河川中的有毒物质，从而净化水质，减轻重金属、农药、生活和养殖污水、海上溢油等海上污染。一些红树林的根还有积累某些放射性物质的作用，从而减少海水的放射性污染，减少食物链的污染，保护人类健康。

4.2.2.5　红树林提供了重要的渔业基础

红树林以其巨大的凋落物为其生态系统提供了丰富的食物来源。凋落物成为发展沿海渔业重要的物质基础。红树林生态系统的结构越复杂，各种水生生物的种类则越丰富，生物多样性越高，鱼、虾、贝、蟹、蛇、鸟类等越多。例如，中国红树林生态系统为200多种鱼、虾、无脊椎动物提供了生存空间。可见，红树林俨然是鱼、虾、蟹、螺的天然饲料库。红树林地区的水产类物种生长迅速，因此其被誉为“天然养殖场”。

4.2.2.6　构成独特的红树林景观

红树林是重要的旅游资源。“海底森林”等美誉对于红树林从不缺乏。它与其他海岸风光比较具有截然不同的别致风情，是热带、亚热带海岸特有的地理景观。每当潮水上涨，红树林只有郁郁葱葱的树冠浮露在水面上，躯干大半淹没于水中。退潮后，它那千姿百态的身躯又裸露无余。如中国海南省东寨港国家级红树林自然保护区，是科学考察基地和旅游胜地。

红树林具有很强的抗贫瘠性，能在沙质滩涂上发育。因而，可以利用红树林改造沿海的淤泥滩和沙质滩，改良滩涂土壤，美化海岸滩涂环境。

4.2.3　影响红树林生态系统的不利因素

Farnsworth 和 Ellison 对世界上16个国家和地区38个地点的红树林的分布状况进行考察后认为：造成红树林生态系统破坏和面积减少的重要原因涉及农业、旅游业、村庄扩建、建养虾池等人类活动对红树林的砍伐，陆源排污如红树林区居民的生活污水排放，把红树林简单地作为木材来源而无节制地采伐以用于薪材、建筑用木材、艺术品用材，道路、

码头建设，石油污染，船舶交通，垃圾和固体废弃物的倾倒，暴雨危害等。例如，海南澄迈的东水港，以前有数百公顷的天然红树林分布，除围海造田毁林约 120 hm^2 外，近十几年发展水产养殖又破坏了 157 hm^2，现在东水港已没有红树林了。再如，亚太地区红树林的破坏率约为每年 1%，其中有 20% ~50% 都归结于近 10 年来的围塘养殖鱼虾以及木材砍伐业。

4.2.4 红树林生态系统修复的技术和方法

红树林是海岸带三大生态系统之中最容易修复的海洋生境。红树具有胎生现象，不少红树植物的果实在成熟后仍然留在母树上，种子在果实内发芽，伸出一个具棒状或纺锤状的胚轴悬挂在树上，长 40 ~80 cm。成熟的幼苗从树上落下，插入松软的泥滩中，几天后即可生根而固定于泥滩土壤中，或随潮水远播。所以，红树林生态系统修复的方法包括：在自然再生不充足的地方人工种植繁殖体或树苗的自然再生。此外，可供选择的方法还有养殖繁殖体然后种植得到的小树苗。对繁殖体进行收集后再繁殖具有更高的经济效益，繁殖体如果被种植在适宜的基底、高度上，或是在没有成熟树木的地方其成活率往往更高。

4.2.4.1 受干扰红树林的自我修复

据报道，在附近的红树林的繁殖体传递不受阻且水文条件不受破坏的情况下，红树林能够自我修复。因为红树林的繁殖体通常都是近距离传播的，所以在种植之前需要先对附近的红树林生育的成熟情况进行研究。然后，减轻人类对红树林的压力，如温度和营养物的变化，水文的改变，罩盖被移走（罩盖就是树林中最上面一层，由树冠组成）。罩盖被移走可以增加地面的光照量，因此这些由于罩盖被移走而受到干扰的红树林中，幼苗的成活率比未受干扰的有罩盖存在的红树林要高；还有不同的微型动物密度。随着损害的增加，微型无脊椎动物的数量和物种丰度下降。但是，蟹是个例外。研究表明：在受到干扰破坏的区域，蟹的数量反而会增加，它是最先迁移到受损红树林的无脊椎动物，是重要的指示物种。

红树林是有较高生产力的生态系统，但人类活动对其影响较严重。这种具有较高的诱发死亡率的沼泽类型，在遭到破坏后如果仅仅靠自然修复，则森林的修复非常缓慢，所以进行人工修复会起到很好的积极的作用。

4.2.4.2 受干扰红树林的人工修复

对红树林进行生态修复，必须事先进行可行性研究。根据红树林种类的适应性，进行物种特性、宜林地勘测，潮汐、海流、土壤性质、海水盐度的综合调查和试验，才能实现红树林生态修复。

Komiyama 等研究了在废弃矿区造林中土壤硬度、微地形与真红树造林保存率的关系，第 3 年保存率为 54.9%，第 4 年为 53.2%。土壤越硬，地势越高（仅相差 35 cm），保存率和生长率越低，即真红树的造林保存率在很大程度上受微地形变化的影响。廖宝文等的研究表明：苗木的生长与底泥的淤积呈负相关，苗木的死亡率与底泥的淤积成正相关。

红树植物通常萌芽能力很弱或无萌芽更新能力,所以无性的枝条扦插或组织培养繁殖一般无意义,实现不了。红树植物选择胎生的有性繁殖方式是对潮间带特殊生境的一种适应,这种繁殖方式有两方面的好处,一方面通过有性过程产生的种苗可获得丰富的遗传基因,对保持种群遗传多样性、提高种群稳定性具有重要作用;另一方面,红树植物每年都能产生大量的繁殖体,完全能满足造林种源需求。

对污染具有一定的耐受性和适应性是任何一种生物所固有的性质,红树林生态系统的红树植物也不例外。但是,不同种类抗污力是不同的。因此,对污染海滩造林技术进行研究是有必要的。成功进行污染海滩造林的步骤为:测定淤泥及海水污染物含量,确定该海滩能否造林,油污染超过国家Ⅲ类海水水质标准的海岸带不适于造林,污染较轻的海滩可选用抗污染能力强的树种造林;测定各造林树种的抗污染能力(依次为:无瓣海桑>海桑>木榄>银叶树>杨叶肖槿>海莲>秋茄>海漆>桐花>红海榄);依据海滩污染程度选择适宜造林的树种。经试验分析,应选择海桑和无瓣海桑为污染低滩造林树种,选择木榄和海漆为污染中高滩造林树种。

世界上最早进行红树林造林的是孟加拉国,它也是目前世界上红树林造林面积最大的国家,造林树种80%为无瓣海桑。

红树林造林方法根据种苗来源可分为:容器苗造林、胚轴造林和天然苗造林3种方法。

容器苗造林:容器苗造林是用聚乙烯薄膜袋(育苗袋,装满营养土时直径7 cm,高20 cm)在海上苗圃进行人工育苗,培育出相应规格的容器苗进行定植造林。此法技术特别适合小型胚轴种类及特殊生境的造林,虽要求较高,但造林也有保证。

胚轴造林:将胚轴直接栽种于土壤基质,插入深度为胚轴长度的1/3~1/2,过浅则易被海浪冲走,过深则胚轴易发霉烂掉。此法简单易行,主要应用于大型繁殖体造林,但胚轴成熟季节性对方法的约束较大。

天然苗造林:天然苗造林是直接从红树林群落中挖取天然苗来造林的方式。在挖苗和植苗时均容易伤根,主要是因为天然苗根系裸露,因而造林成活率很低,且挖取幼苗对群落发展有负面影响。

中国林科院热带林业研究所曾系统地把海桑、无瓣海桑、红海榄、海莲、水椰、木果楝等嗜热树种引种至珠海、深圳、汕头、廉江、福建的龙海市等地,部分已开花结果,其中无瓣海桑是引种较成功的树种之一,此树种具有速生、通直、高大、抗逆性强等优良性状,为理想的先锋造林树种,已在生产中获得应用。

4.3　海滩生态系统的修复

4.3.1　海滩生态系统的概述

海滩是小卵石、大卵石、大石头以及松散的沙子组成的堆积物,它们从浅水延伸到水边低沙丘的顶端或风暴潮影响的边界。全世界大多数的海岸都有它们的存在。大部分的海滩主要是由沙子和砾石组成的,具体如图4.6所示。

图 4.6　海滩组成图

滩冲积物组成和海滩形式的决定性因素主要是波浪能。较小的波浪主要形成坡面较缓的由更细小的冲积物组成的沙滩。较大的波浪打在沙滩上则能够使沙滩形成陡峭的轮廓，且由粗糙的分选很好的冲积物组成。同时海滩沿岸的水流和风向以及底土层的母质和机械组成、海潮范围、海浪的方向等都可以影响海滩的形态、轮廓和稳定性。

几乎所有的海滩都有自己原始的底栖动物，但是海滩上的植物非常稀少，尤其在卵石沙滩，这种沙滩本身不稳定而且暴露在外。在温带沙质海滩上，生长着一年生草本植物，如藜科冈羊栖菜属植物、海凯菜属的肉质一年生海岸草本植物以及滨藜属植物，它们通常由生长着固沙植物的海岸沙丘支持。在热带海滩上，禾本科草本植物、非禾本科草本植物和木本植物都是海滩生物群落的重要组成部分。Buokley 确定了热带澳大利亚的滨线生物群落的两个主要组成部分：短命的草本植物，如猪毛菜和大戟，它们用种子繁殖；另外就是生长在海滩面向陆地边缘的多年生植物，包括攀缘植物如铁路藤。热带海滩上有典型的滨线树种，包括椰子和口哨松，它们由海滩向陆地方向生长，但是一般很难生存到成熟期。海滩上果实形成和植物的存活都受到很多环境压力的威胁，如营养缺乏、剧烈的气温日变化、海滩侵蚀或增长、干旱、海浪的飞沫、潮汐以及掠夺行为等。潮汐影响的程度以及海滩冲积物组成是决定植被在它上面形成能力和海滩稳定性的主要因素。

4.3.2　海滩生态系统的功能

海滩被开发用于建造港口、工厂、住房以及观光旅游业。混凝土原材料和矿物很多来源于此。海滩还在海洋防护中起到重要作用，它保护人类资产、耕地和天然生境不受洪水破坏。目前，由于世界旅游业的发展，沿海旅游观光成为普遍现象。例如，墨西哥的 Cancun 在 20 年间由一个小渔村发展成为世界级度假胜地，拥有 40 万人口和 2 万多个旅馆房间。全球旅游的增长能更好地带动沿海旅游观光业使其得到更好的发展。因此，海滩作为娱乐性资源的社会经济价值也将继续迅速增长。

生物群落在海滩上的非生物状况的广泛变化以及带状分布导致许多海滩特有种的存

在和发展。海滩生境成为许多稀有和受威胁物种唯一的栖身之所,包括那些生长在鹅卵石上的植物、无脊椎动物和海龟。海滩是许多鸟类如燕鸥、海鸥和珩科鸟的主要筑巢场所,也是海豹、海龟和海狮等的重要筑巢点。海滩上的底栖动物是滨鸟的重要食物来源。

4.3.3　海滩生态系统的丧失和退化

对海滩生境来说最严重的威胁是海滩的侵蚀和退化。目前海滩退化有众多原因,如海平面上升、地面沉降、陆地和海洋沉积物资源的损失、风暴潮增多以及人工构造物和其他人类干扰。针对不同的地区,引起海滩侵蚀的主控因子或因素是不同的。就全球而言,一般认为海平面的绝对上升是引起海滩侵蚀的一个重要因素。据估测,到 2100 年地球的平均气温将上升 2℃,届时,海平面将平均上升 50 cm,这无疑会进一步加剧海滩侵蚀。此外,沿海娱乐场所、沿海防护工程等人类活动将继续破坏海滩,在发展中国家更为明显。娱乐性活动难免存在践踏和车辆使用等情况,此类活动会破坏植被或干扰雏鸟和海龟的正常繁衍生存。此外,海滩生物也会因油污染、需要机械去除的海滩垃圾而被严重破坏。人类在其他方面的利用,如采矿、地下水开采、放牧、军事的利用和垃圾处理等都可能引起海滩局部生境的丧失和破坏。

4.3.4　海滩生态系统的修复技术和方法

海滩生态系统修复需要通过对海滩植被进行修复并进行海滩养护沉积物回填来实现。二者中,海滩回填对海岸环境影响较小,在国际上逐渐成为海岸防护、沙滩保护的主要方式。目前在美国,整个海岸防护总经费的 80% 以上被用于海滩回填养护。海滩回填已经成为一种常见的海岸防护措施,德、法、西、意、英、日等国家也都进行过大量的海滩回填工作。

4.3.4.1　海滩回填养护

海滩养护、补给或修复是指将沉积物输入到一个海滩上以阻止进一步的侵蚀并为实现海洋防护、娱乐或更少有的环境目的而重建海滩。在一个侵蚀性的海滩环境中,海滩养护需要对前景进行预测,这是一个循环的过程,而在其他的地点可能一次实施就足够了。回填物可以来源于相连的沙滩、近岸的区域或内地,并沿着沙滩的外形堆积在许多地方。

人造海滩的轮廓有别于天然斜坡,对建立鹅卵石海滩植被来说天然的斜坡是至关重要的,因为它可以减小发生剧烈侵蚀从而破坏新建立的最易受到干扰的植被的可能性。养护方案设计,不应该是在一个大的连续的养护区域,而应该在不受干扰的沙滩上设置若干个散置的小回填场点,从而加速底栖动物的再度“定居”。

在养护之前应评价自然海滩的粒径分布,从而决定填充材料的规格。为了避免压实海滩从而威胁到底栖动物的生存,所以不能使用含细沙和淤泥(直径小于 0.15 mm)的填充材料(即使本土的海滩基底具有类似的粒径分布)。大多数的填充物是从近岸的海洋挖掘出来的,但是陆地沉积物的使用也取得了成功,例如,在美国南卡罗来纳州(South Carolina)的 Myrtle 海滩的养护中工作人员使用了从内地挖掘的沙子,虽然开始的时候引起生物多样性减少,但是有些地方很快就复原,物种丰富度明显增加。

根据美国佛罗里达的 Sand Key 海滩养护计划的监测结果,建造方法是决定海滩表面密实度的关键因素。使用抽水泵抽取沉积物,并以泥浆的形式传送到养护场点比用挖掘斗提取沉积物再用一个传送带送到海滩的方法更能生产出密度大的海滩基底。尽管一个密实的海滩表面能够延长海滩养护计划的寿命,但用传送带方法生产的比较疏松的沉积物更有生态意义,尤其是在海龟筑巢或其他的动物可能会受到密实海滩表面的危害的地方。在英格兰的南海岸进行的鹅卵石海滩的养护由于在基底中使用了细颗粒材料(Fine-grained Material),导致新建海滩的渗透性和流动性都不如原来的海滩。所以工作人员要指定使用适当粒径分布的填充物并选择合适的养护方法来避免建造过于密实的海滩表面。

物种的操作的时间和生物周期是决定海滩养护对动物区系影响的重要因素。例如,贝壳岩蛤冬天迁移到大陆架海面,春天再迁移回潮间带。所以如果养护的操作在春天进行就有可能阻碍它们的返回,导致整个季节中成年蛤的缺失。养护的操作对一些整个生活史都在海滩上的物种(包括很多片脚类动物)来说,无论时间安排如何,它们都将受到相当大的影响,而对一些靠浮游的幼虫在春天传播并定居的物种造成的损害能很快地修复。所以,海滩养护的操作应当在冬天进行,在去海面上越冬的成年动物返回之前以及春天浮游的幼虫定居前完成,当然海滩养护操作也应当避免在鸟类和海龟筑巢的时候进行。

在海滩养护中,由于风力的搬运使用细沙会给附近的沙丘带来间接的影响。然而,养护中的沉积物较天然的海滩沙更难被风搬运。美国的工作人员在佛罗里达的 Perdido Key 进行了大量的海滩养护后,利用 Markovian 模型分析植被的演替过程表明现有的植被不受海滩养护的影响,而海滩养护对海滩底栖动物的影响远远大于对邻近植被的间接影响。

4.3.4.2 改善植被

(1)打破种子休眠。许多海滩植物种子普遍具有继发性和先天性休眠特征,这是阻碍植被修复的一个重要因素。因此,对种子发芽和解除种子休眠的方法有所了解对于海滩植被的修复很有必要性。有些物种不适于直接播种,因此需要对种子在适当的条件下进行无性繁殖或是进行培养。一些如海洋旋花类的植物和海豌豆类植物的物种,种子外皮需要人为刻伤或软化,然后进行人工培养后种植。

(2)适宜的颗粒大小。Scott 描述了细颗粒组分与植被分布之间的关系,并认识到这个因素在控制英国鹅卵石海滩上植被分布的重要性。试验表明,在英国的 Sizewell 鹅卵石海滩上,基底组成是种子发芽、幼苗的成活、容器种植植物生长及繁殖力的主要决定因素。在非常粗糙的基底上,种子被埋得太深以至于不能成功地生长出来。而且,基底保持营养成分和水分的能力较差,成年植物和幼苗的成活率都非常低。相对于鹅卵石海滩,沙质海滩的颗粒大小对植被建立的重要性要小得多。

(3)植被的结构和组成。滨海植被经常作为先锋沙丘植被来修复,主要是因为它能促进沙子和有机物质在海滩上的沉积。然而,有些一年生滨海植物,如猪毛菜容易被海水散播,并在一个季节内自然迁移。在美国加利福尼亚的西班牙湾海滩植被的修复中,猪毛菜虽然是外来种,但是由于它可以迅速成活并能固定沙子却不具有入侵性或竞争性,常被用作最初的先锋种。

(4)繁殖体来源。有证据表明海滩植物的种子能被海水远距离传播,重要的是种子或无性繁殖体的片段(Vegetative Fragments)能够从附近未受到干扰的地区迁移到被修复的海滩。在英国 Sizewell 海滩,本地的种子能够很容易地繁殖滨海植物,鹅卵石沙滩上的可发芽种子库非常小,这在很大程度上是由于种子自身的休眠所引起而不是缺少繁殖体所致。一些场所自身的特性因素决定了附近的区域能够提供适宜繁殖体的能力,如适宜的植被、盛行风向和潮流。

4.4　海岸沙丘生态系统的修复

4.4.1　海岸沙丘生态系统的特征

海岸沙丘(Coastal Dune)是由风和风沙流对海岸地表松散物质的吹蚀、搬运和堆积形成的地貌形态。内陆沙漠和海岸沙丘虽同属风成环境,但海岸沙丘形成于陆、海、气三大系统交互作用的特殊地带,相比于内陆沙漠,其在风沙的运动特征上既有一定的特殊性又有一定的相似性。

海岸沙丘主要形成在沉积作用大于侵蚀作用的地方。海岸沙丘的形成条件包括沙源、风力、湿度、植被、海岸宽度与类型等,但各地海岸沙丘形成条件的差异较大。强劲的向岸风、充沛的沙源是海岸沙丘发育的两个重要条件。

海岸沙丘的沙源主要是海岸侵蚀物、海流沙质沉积物和海底沙质沉积物,海滩沙是海岸风沙的直接沙源。当沙子被冲刷到海岸上以后,它的运动会受到海滩倾斜度、沙丘高度、海岸线的方向、海滩宽度以及当地地形地势的影响。

沙源供应的速率和规模对海岸沙丘的形成影响较大,沙源不足时主要形成小型影子沙丘和沙席等;沙源供应中等水平时则会形成风蚀坑、沙席(即一个比较宽广平坦的或微波状起伏的风沙堆积区,其风成沙厚度较小,且自海向陆逐渐变薄,沙体无层理或具微平行层理)和迎风坡与背风坡极不对称的前丘等;沙源丰富时多形成前丘且增长速度快。

海岸沙丘沙粒的起动速度明显地受颗粒的黏结力(沙粒水分含量、黏粒含量、地表盐结皮等)、沙粒特征(沙粒粒径、分选性、形态、重矿物含量、贝壳含量等)、海滩或地表坡度、植被条件、向岸风与岸线夹角等诸多因素的影响。此外,沙粒的水分含量也是至关重要的。

沙丘上的植被在保持沙丘稳定和沙丘的形成中起了很重要的作用。沙丘草能够把沙子聚集在自己的叶子周围,另外它还能够穿透不断增厚的沙层生长,这些都能影响沙丘的形成。沙丘草可减少风对沙丘的侵蚀,同时可增加沙丘背风面的增长。总之,沙丘先快速向上增长,当达到 5 ~ 10 m 时,增长速度减慢。沙丘的高度因天气、沙子来源及其所处地形不同而不同。

大风、高蒸发作用、沙子的运动(沙子的增长和侵蚀)、盐度和效用有限的大量营养元素都能影响沙丘的生态过程。而沙子的运动被看作是影响沙丘上植被分布的最重要因素。

海洋的盐分(主要是氯化钠)限制植物在海岸沙丘上的分布。沙丘能快速排水,所以海水在沙丘上的长期泛滥很少见。沙丘一般不是持续很长一段时间,而是偶尔暴露在盐分中。只有那些最耐盐的植物才能够生长在海岸和前丘上。盐分飞沫是植物在海岸沙丘上生长的一个限制性因素。能够忍受盐分飞沫的沙丘植物在进化过程中,其上表皮形成了一种具有保护作用的蜡膜。海岸沙丘中较低含量的氮和磷元素也限制植物生长。

营养物质输入到海岸沙丘生态系统中主要取决于土壤中的固氮微生物、大气沉积作用的速度以及共生固氮植物种通过海水和有机碎片的输入。氮损失的途径有反硝化作用、(过滤)流失以及垃圾排放。磷也是沙丘生态系统的限制性营养物质,尤其是在低 pH 的地方。沙丘不仅含营养物质少,对营养的保持也很差。

沙丘上的植物幼苗对沙子增长的敏感反应表现在生物量上。例如,薰衣草的幼苗以及沙茅草对被沙埋所做出的反应是将生物量分配给芽(减少根部所占的质量比例),以及叶(更长的叶子)的生长。沙丘上植物不仅对沙子的增长表现出各种形态上的适应,还会有不同的生理学上的反应。例如,美洲沙滩草和沙芦苇在从沙埋中暴露出之后,其光合作用吸收二氧化碳的速度加快。

4.4.2 海岸沙丘生态系统的功能

海岸沙丘对风和海浪的影响起到缓冲的作用,对海岸防卫非常有价值,能够在沙子淹没附近田地之前固沙并且为海滩提供沙源。沙丘被看作是有重要遗产价值的自然生境,具有丰富的物种和种群,这种生物多样性使得海岸沙丘具有较强的抵御人为干扰和自然的能力,并形成具有独特娱乐价值的景观。

沙丘生态系统内的各种地形支持高度的生物多样性(包括在地面筑巢的鸟类),且海岸沙丘中有大量的特产植物。

4.4.3 海岸沙丘生态系统受损的原因

沙丘是脆弱的生态系统,很容易退化、毁坏。涨潮、飓风和暴风雨等自然干扰都可以造成它的退化,飓风甚至可以缩小海岸沙丘的面积。沙丘往往需要 5 ~ 10 年的时间才能从猛烈的干扰中修复。海岸植物的分布状态也和自然干扰有关。除了自然干扰,海平面上升也威胁沙丘生态系统。

人类活动,如燃烧、森林砍伐、耕作、过度放牧以及无节制的开发和休闲等活动等都会造成沙丘植物活力下降,从而对整个生态系统构成威胁。海岸沙丘一般是开放生境,因而容易受到外来种的入侵,外来种能够改变沙丘的功能甚至组成。

4.4.4 海岸沙丘生态系统修复的技术和方法

固沙是沙丘生态系统修复的首要步骤,只有使沙丘固定之后,才能进行植物的重建和修复。否则,植物会被沙丘沙掩埋而导致死亡,使沙丘修复失败。固沙有生物固沙和非生物固沙两种,生物固沙需要和生物修复计划结合进行。

4.4.4.1 生物固沙

在进行沙丘修复之前需要了解沙丘土壤的性质,因为它们决定植被类型。对被挖掘的沙子进行海滩供给是长期维持受侵蚀海岸的一种方法。通过海滩供给而增加的沙子需要在修复进行之前处置。对沙丘土壤的处置包括添加化学物质以改变酸度、脱盐作用以及添加营养物质。

沙丘修复应使用本土物种、避免外来种。外来种由于在本土生境中通常缺少捕食者和病原体来限制其生长,会改变本地生态系统功能、阻碍本地种的生长。对修复场点的长期管理包括控制和根除外来种。

使用快速生长的植物来固定沙丘是合理的,但是这也会引起对本地植物种的竞争或促进本地种的建立。这就需要工作人员对用于修复的本地植物要有深入的了解,比如种子的形成、发芽、幼苗的生长以及成熟体的相关问题等。

根据原生生境进行的修复需要进行长时期的管理,这包括:通过合理施用肥料保持沙丘草的旺盛生长,控制外来种入侵,引入有益物种以维持演替。为了促进演替,在海岸沙丘的修复过程中要不断地引入物种。引入物种要注意对引进种的控制,例如,沙棘的生长可以通过土壤线虫来控制。将线虫引入到沙棘的根围(指围绕植物根系的在土壤中的一个区域)中就能控制其种群。建立固沙植物只是第一步,此后还要移植其他物种固定沙子。

进行海岸沙丘生态修复时通常需要考虑如下因素:所需沙子的类型,沙子的可用性(场点是否有足够的沙子,或是否需要运输),原来沙丘系统的位置和形状,可用资金,前沙丘的位置,残余沙丘的性质。同时,在修复之前评价各种沙丘植物种对肥料的吸收很重要。肥料的类型取决于物种,添加氮肥对沙丘草很重要,添加磷肥的反应则有所不同,在某些情况下无法观察到生长的增加。根据地点和季节的不同,合适的施肥速率也有所不同。施肥的时间选择很重要,一般与无性繁殖体的移植或种子的播种同时进行或紧随其后进行,从而实现高的成活率和植物的繁茂生长。因为沙丘保持营养的能力很差,快速释放的肥料会很快流失。而慢速释放的肥料具有在一段时间内逐渐释放的优点。但是它通常没有普通的快速释放的配方经济。过度施肥会导致生物多样性下降,促进外来种的建立,还会使草生物量的生产率增加。因此在对沙丘的长期管理中,应该考虑到肥料对物种间相互作用以及演替过程的影响。

4.4.4.2　非生物固沙

可通过使用泥土移动装置,或建造固定沙子的沙丘栅栏来实现沙丘重建。使用沙丘栅栏比用泥土移动设备更经济,尤其是在比较遥远的地区。但是利用沙丘建筑栅栏形成沙丘的速度还取决于从沙滩吹来的沙子的数量。栅栏的材料应当是经济的、一次性的和能进行生物降解的,因为栅栏会被沙子掩盖。使用一种最适宜的、50%有孔的材料制造栅栏能促进沙子的积累,这样的栅栏在三个月内可以积累 3 m 高的沙子。

化学泥土固定器被用于修复场所来暂时固定表面沙子,减少蒸发,并且降低沙子中的极端温度波动,通常在种子和无性繁殖体被移植之后使用。泥土固定器包括有浆粉、水泥、沥青、油、橡胶、人造乳胶、树脂、塑料等。但是用泥土固定器的缺点有它可能引起污染或对环境有害,且花费高,施用困难,下雨时流失物增加,有破裂的趋向以及在大风天气易飞起,可溶解有害的化学物质。

覆盖物可用来暂时固定沙丘表面,可使其表面保持湿润,且分解时增加土壤的有机物含量。可利用的覆盖物有碎麦秆、泥炭、表层土、木浆、树叶。覆盖物尤其适用于大面积修复,因为可以用机械铺垫。

4.4.4.3 使用繁殖体

应在实施修复之前确定使用繁殖体(种子或者无性繁殖的后代)的优势和适宜性。

(1)使用无性繁殖后代。在欧洲,人们很早就尝试过在海岸沙丘种植沙丘植物的无性繁殖体用来固定沙丘,这种方法在苏格兰可以追溯到14世纪或15世纪。

沙丘上,沙丘草的无性繁殖后代可以从附近的沙丘上用机械或手挖掘。无性繁殖后代的供应场点应当尽可能邻近修复场点以减少运输费用,同时要对整个场点进行施肥以保证无性繁殖后代能够重新生长出来。挖出来的无性繁殖后代可以被直接移植到修复场点或是在移植前先在苗圃生长1~2年。

一个能生育的无性繁殖个体至少要包括叶子,并连有15~30 cm的根茎。移植时要注意不要破坏无性繁殖个体的叶子。运输过程中要将其保存在潮湿沙子中。修复场点要事先机械挖好深23~30 cm的沟渠。播种完成后,沟渠应填满沙子。

(2)使用种子。因为沙丘植物生产的种子很少,并且群落中生物也通常进行无性繁殖,所以种子的实用性经常成为一个限制因素。沙丘植物种子产量低主要是由于花粉亲和性差、胚胎夭折以及低密度的花穗,施肥可增加花穗密度。

收集种子可用手或特殊的收割机器,后者会给沙丘带来有害的影响。用手收集种子对沙丘影响较小,是收集小群落种子的理想方法。种子被存放之前应进行干燥、脱粒和清洁。修复过程中保持种类遗传多样性非常重要,应尽可能使用适应当地沙丘的物种的种子。一般最好选在种子的休眠期进行播种。可以使用种植机器进行播种,但是在陡峭的山冈上或是较小的修复场点手工播种更好。

大面积修复时使用本地沙丘植物的种子很有效,尤其是在能够机械播种且沙子的增长不是很快的地方。但是当种子的发芽不稳定或幼苗生长很慢时使用种子是不利的。被沙子埋没是危害沙丘上植物的一个主要因素,因此应紧贴沙子表层播种,这样种子发芽后,幼苗能够从沙子中冒出来。种植的最佳位置应使种子能很容易吸收水分,并能感觉到日气温变化。沙丘草的种类不同,植物体的潜能不太一样。机械播种可用普通的种子钻孔来实现,通常播种在春天或秋天完成,在播种完成之后要用履带式拖拉机使修复场点加固。

快速发芽对修复很有益。沙丘草的种子通常表现出休眠状态,对种子进行一段时间低温预处理能够减轻种子休眠,其他的促进休眠种子发芽的方法涉及对种子进行激素处理等。法国海岸沙丘的修复中人们就采用加斯科尼当地海岸松进行固沙造林,在大片海岸沙丘上结合枝条沙障(在近海岸流沙严重地段,竖起低级立式栅栏沙障以阻止沙丘前移,沙障完全按背风向落沙坡形状设计)进行直播造林。

第5章　土壤污染生态学

5.1　土壤与土壤污染

土壤生态学是以土壤及其土壤内的各种生物为研究对象,研究土壤的环境对其中生物代谢的影响,以及生物的代谢活动对土壤环境的相互影响的学科。随着经济的迅速发展,环境条件逐步恶化,传统的先发展后治理的发展理念使得环境污染问题尤为突出,而土壤的污染又是环境污染的重要组成部分。在这样的大环境下土壤污染生态学的发展有很大的必要,需要新的技术与理念利用土壤中的生物来对污染的土壤进行修复,不但可以很好地去除土壤中的微生物,而且可以减少对土壤环境的二次污染。

土壤污染是由于人类活动或自然原因导致土壤内成分发生变化,或某些成分超过其本底值,土壤环境无法自净修复到初始状态,从而影响人类及其他生物的安全。传统意义上来讲土壤污染的来源可以分为:

(1)无机和有机合成的污染物,重金属铅、铬、砷等及其盐类为无机污染物,而像人类人工合成的有机农药包括乐果、敌敌畏、DDT 等化工产物为有机污染物。

(2)物理污染物,人类各种活动下产生的固体废弃物、固体垃圾等。

(3)生物污染物,医疗机构如医院、制药单位以及人类排放的污染物中带有很多的病原微生物及病毒,这也是生物安全性需要控制的一个重要方面。

(4)放射性污染物,核能应用的方面越来越广也越来越多,随之而来的在核燃料的开采、运输、应用,到核燃料废弃物的处理过程中都会对土壤环境带来巨大的污染。环境污染的问题越来越严重,而且土壤污染又是其中污染成分最复杂,污染物相互之间影响也最密集的,所以土壤污染的研究需要更多的时间及精力处理。

20 世纪六七十年代有毒重金属汞、铬及有机氯农药随着污染事件的发生得到了人们的重视。80 年代以后污染的土壤中发现了更多重金属元素锌、镍、铜等,非金属元素锡、氟等,氰化物、甲基汞等金属有机化合物。人类合成的有机污染物也在增多,酚类物质、硫丹、五氯联苯等。进入 90 年代,农业和工业的快速发展,大量含磷、氮的污染物排放到自然环境中,也给土壤带来了更大的威胁,使得人们研究土壤环境污染从金属及其氧化物和有机合成物质转移到氮、磷污染。新世纪以来,石油、化工、电力等产业的迅速发展带来了更多的环境问题。随之而来,土壤中出现了与之相关的污染物质,如多环芳烃、石油烃、多氯联苯等。环境激素也成为人类研究的重点问题,这一类物质能够进入人体影响人体的新陈代谢。

5.1.1　土壤环境的基本特征

土壤按物理状态可以分为固相、液相、气相三部分。

固相约占土壤体积的50%，而在固相中矿物质占95% ~98%。土壤矿物质由原生矿物质和次生矿物质组成，原生矿物质是随着原始状态矿化沉积下来的物质，由石英、钠长石、白云母等组成。原生矿物质有一部分转化成次生矿物质，比如，高岭石、蒙脱石、绿泥石等。固相中土壤有机质占2% ~5%，包括碳水化合物类、木质素类、蛋白质类、脂肪与蜡类等等。固相中另一部分为生物类，包括动物和植物。液相部分主要是指水分和溶解性物质，如金属盐和可溶性有机物等。土壤的气体主要是指分布在土壤中的空气。土壤中液相与气相约占土壤体积的50%。

作为生态系统的重要单元，土壤环境保证了生态系统的完整性与统一性，保证了物质在大气、水体、土壤间的循环作用，把有机层和无机层联系起来，支持植物和微生物的生长繁殖。作为人类活动的基本场所既有数量性又有质量性，土壤环境作为动植物赖以生存的场所为生物提供了良好的生存环境，保证最大生物量的生产能力，保证了最佳生物学质量生产能力，提供了供给生物体新陈代谢和繁殖所需要的蛋白质、糖类、微量元素、激素等。土壤环境的自净能力保证了土壤不受到二次的污染。土壤环境的多功能性使得土壤能够对进入土壤系统中的物质进行代谢以及同化的作用。土壤能够为植物提供良好的生长所需要的介质，为动物提供栖息的场所，为农作物提供生长所需要的营养成分，作为生产的基地。另外土壤在抵御外界污染过程中充当了废弃物的处理场所，成为水和废弃物的滤料。土壤作为人类生存的依赖，为人类社会提供各种资源，为建筑、医药、艺术等领域提供材料，成为地理、气候、生物与人类历史的热点。最后，土壤的自净能力使得土壤系统能够承载一定的污染负荷，能够容纳一定量的污染物质，为环境的净化提供了净化能力。

5.1.2 土壤环境污染的基本特点

与大气环境和水环境相比，土壤环境是更复杂的介质，包含着复杂的化学、物理、生物过程。污染物在气体和液体环境中只存在空间位置的迁移转化，和价态、浓度的变化。而污染物在土壤环境中不光包括以上转化，还包括污染物间相互的氧化与还原，吸附与解析，固定与扩散，以及被土壤中生物代谢转化成其他物质等过程。

土壤污染的基本特点有很多，包括多介质、多组分、多界面的特点，有非均一性，以及复杂多变的特点。也是土壤污染的这些特点使得土壤污染有别于大气环境污染和水环境污染，使得土壤污染更复杂。与大气环境污染、水环境污染相比，土壤污染的影响更加严重，主要的原因有：

(1)滞后性与隐蔽性。土壤污染不会像水体污染和大气污染那样很容易通过颜色、气味、浊度等常规指标轻易分辨出来。往往需要对土壤样品进一步分析研究，针对不同的污染源检测各类污染物成分，并不能很轻易地分辨出来。所以与大气环境污染、水环境污染不同，土壤污染的发现往往具有滞后性。有很多污染问题很容易被人类所忽视。

(2)土壤污染的复杂性。由于土壤污染物来源很广，农业、工业、医药行业等等各种污染源之间的相互作用使得污染物中各个成分发生相互反应、相互作用形成更具有污染性的物质。污染源与土壤成分之间的相互作用，也使得土壤污染的复杂性不光来源于污染源，所以土壤污染的复杂性远远高于其他环境的污染。

(3)污染物质在土壤环境中的累积作用。土壤中的污染物不能像大气和水环境中那样容易迁移转化,使得污染物在土壤中固定,而且在土壤环境中的污染物又不能得到良好的稀释和扩散。这样一来,土壤中的污染物会不断地积累,浓度不断地提高。

(4)土壤污染修复的长期性以及不可逆性。许多重金属对土壤的污染作用往往是难以修复的,由于发生氧化和还原等其他反应,重金属污染物的降解往往需要很长的时间。

土壤污染难以治理,土壤环境污染中只切断污染源并不能通过土壤的自净能力降解污染物。尤其是重金属污染,往往要通过换土、淋洗等方法处理污染土壤,所以对于土壤污染的治理成本较高,处理周期长。

5.2　土壤污染发生及其动力学

5.2.1　土壤污染发生的概念

由于土壤污染的复杂性,对于土壤污染的评价并没有一个统一的评价标准。一般按污染的程度可以分为:

(1)轻度污染:这一阶段是土壤污染的初始状态。当污染物含量超过土壤背景值的2~3倍标准差时,说明土壤中所含该元素或化合物含量异常。

(2)重度污染:此时土壤中污染物含量达到或超过土壤环境基准或标准值时,表明污染物的累积输入速度和强度已经超过了土壤自净能力所能承受的范围。土壤环境中的缓冲能力已经不能承载所受到的污染。

(3)中度污染:根据对土壤环境轻度和重度污染判别的标准,结合具体的实地情况的生态效应再具体确定。

土壤污染的过程如图5.1所示。

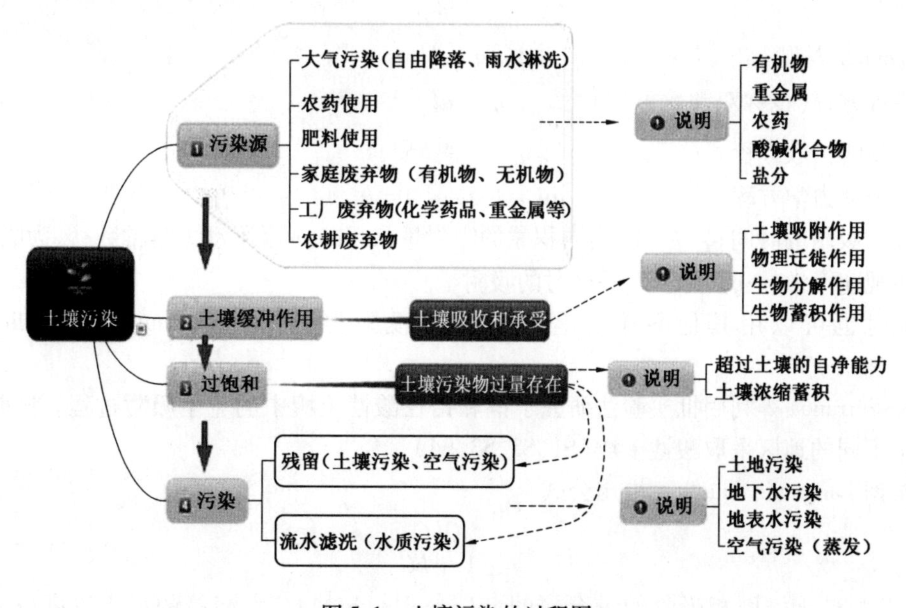

图5.1　土壤污染的过程图

土壤污染的发生过程可以简单叙述成，人类社会各行各业所排放的污染物，包括有机物、重金属、农药、酸碱化合物、盐分等，排放到土壤环境。由于土壤环境系统具有对其中物质进行迁移转化的能力，主要是土壤吸附作用、物理迁移作用、生物分解作用、生物蓄积作用，使得土壤对污染物质有一定的缓冲能力，所以土壤环境能够承受一定的污染物质。不过当污染物质继续在土壤环境中积累，使得土壤污染物过量存在，超过了土壤的缓冲能力和自净能力时，土壤中的污染物就会浓缩蓄积。最后随着污染物质的积累，不但使土壤系统受到污染，同时在土壤中的污染物质也会迁移转化到大气环境和水环境中。

5.2.2　土壤污染动力学

土壤污染动力学是研究各种污染物质，无论是有机物还是无机物进入土壤环境，在土壤环境中迁移、转化、沉降、降解等物理、化学和生物学作用的机理。以此来研究如何更好地解决土壤污染问题。

由于土壤环境中包括固相、液相、气相和生物相的组成，使得土壤系统的复杂性大大提高。而且，气相与固相、气相与液相、液相与固相相交的界面不是很清晰，没有具体的边界。各种污染物在各个单相中，以及相与相之间的交界处发生着复杂的化学、物理和生物学作用。有时这些作用是单独发生的，但很多时候这些反应是同时发生的。

下面分别简要介绍各个反应过程：

(1)吸附作用发生在不同介质相交的表面，比如由液相和气相的污染物转移到土壤环境，在这个过程中首先发生的就是吸附作用。吸附作用的表述可以用不同的吸附等温线来表示，由于土壤环境中颗粒物质的性质和孔隙率以及污染物的性质会表现出不同的吸附等温线类型，我们可以通过不同的吸附等温线了解土壤和污染物的性质。同时在吸附过程中也会发生化学吸附和吸收。以钾离子在土壤中的吸附过程来描述不同的吸附类型。

Elovich 方程　　$q_t = a + b\ln t$

指数方程(也称双常数方程)　　$q_t = at^b$

抛物线扩散方程　　$q_t = a + bt^{\frac{1}{2}}$

一级动力学方程　　$\ln(1 - q_t/q^\infty) = k_a$

式中，t 为吸附的时间；q_t 为 t 时间内积累的吸附量；a 和 b 为吸附动力学常数；k_a 为吸附动力学表观速率常数；q^∞ 为表现平衡时的吸附量。

同时也可以用其他吸附方程式来表征吸附类型，如 Langmuir，Freundlich 和 Temkin 等。

S. Serranoa 等利用批实验法研究了镉和铅在酸性土壤中的竞争吸附过程。试验中，在四个不同的地区采取酸性土壤(S1，S2，S3，S4)。

根据 Langmuir equation 推出公式

$$S = \frac{QkC}{1 + kC}$$

式中，S 为被土壤固相吸收的重金属的量($\mu mol \cdot kg^{-1}$)；C 为溶液的平衡浓度($\mu mol \cdot dm^{-3}$)；Q 为最大吸附量($\mu mol \cdot kg^{-1}$)；k 为结合能量系数($dm^{-3} \cdot \mu mol^{-1}$)。

镉和铅在酸性土壤中的竞争吸附如图5.2所示。

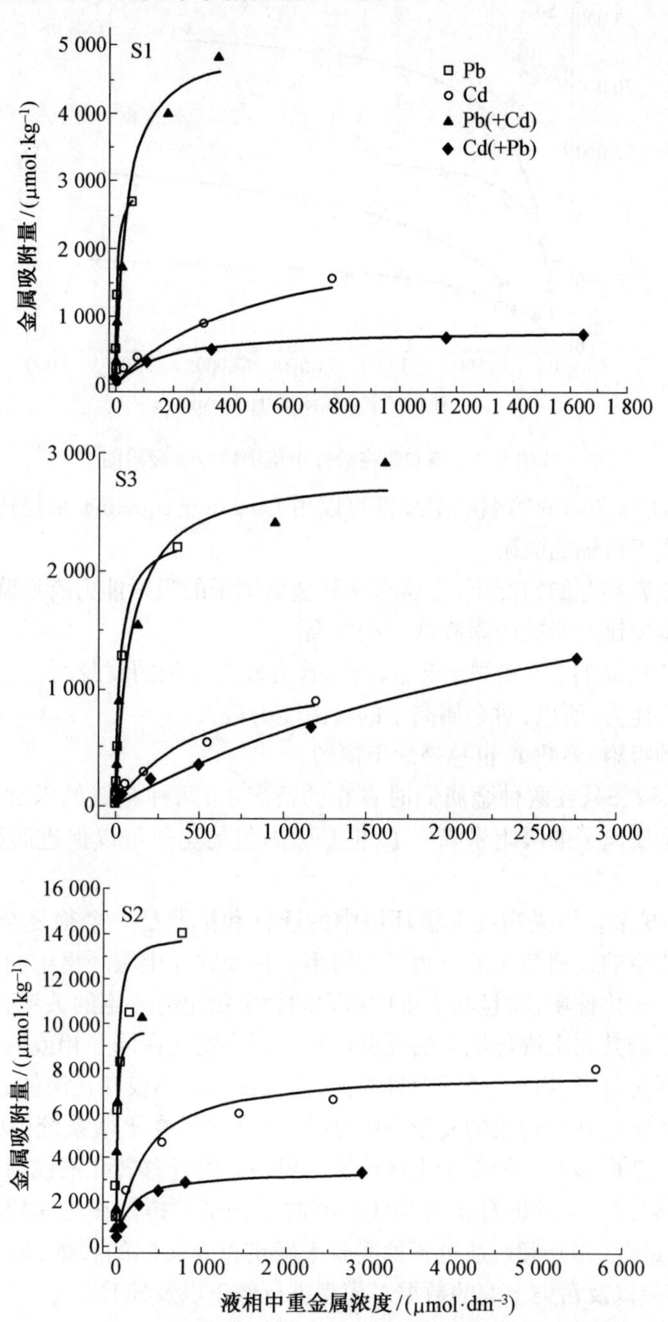

图5.2　镉和铅在酸性土壤中的竞争吸附图

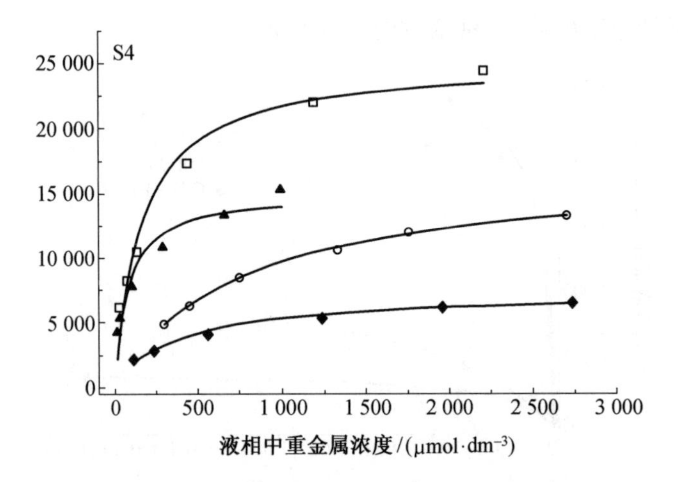

续图 5.2　镉和铅在酸性土壤中的竞争吸附图

研究发现：①镉和铅的等温吸附线都可以用 Langmuir equation 来描述，同时土壤对铅的吸附能力要优于对镉的吸附。

②在两种金属共存的情况下，土壤对两种金属离子的吸附能力有所降低，而且对镉的吸附所降低的程度比对铅的吸附降低的程度高。

③ S2 和 S4 样品的 pH 和黏土含量较高，含有较大比例的蒙脱石，这为土壤提供了较大的阳离子交换能力，所以，对金属离子的吸附能力最大。

④对于铅的吸附，系数 K 也总是优于镉的。

⑤对于 S1、S2、S4，在两种金属同时存在的情况下，两种金属的 K 系数都有所增加。这表明了尽管金属离子的吸附量降低了，但是吸附位的竞争可以促进两种金属保持更多的特殊吸附位。

(2)迁移和扩散。污染物在土壤环境中的迁移和扩散是一个很复杂的过程，比污染物质在单相环境中的迁移转化的过程复杂得多。污染物在土壤环境中的迁移转化过程不仅取决于土壤的理化性质，而且与土壤中所含的微生物也有一定的关系，而且污染物质本身的性质也会影响其在土壤环境中的迁移转化。污染物质在同一相或两相交界面中的迁移转化形态主要是分子、离子、原子三种类型，而土壤系统不仅存在液体、固体、气体，还有植物根系和微生物等共同构成的复杂系统，所以污染物质在土壤系统中的迁移转化要比在单一系统中复杂得多。一般对于土壤中重金属污染物迁移转化的模拟可以根据现场的土壤中重金属的分布，以及进行田间和实验室的小试来模拟。在对其模拟时最重要的 4 个步骤为，选择最合适的模型，通过各种实验来确定符合实际的参数，取得污染土壤的数据，最后通过实验以及污染土壤的数据对模型进行修正以及检验。

由于建立污染物质在土壤中迁移转化的模型比较复杂，又没有可以参考的模型，对于土壤环境中复杂的迁移转化过程还需要更多的研究。

5.3　土壤污染的生态危害

当土壤受到污染后，不仅只是土壤环境会对生态系统产生影响，污染的土壤系统也会通过其他方式与大气系统和水体系统共同危害生态系统的安全。土壤系统中的污染物的积累、农药、化肥、重金属等都对生态系统产生影响。污染的土壤也会通过灌溉和地表径流进入水体,水体的污染带来的是饮用水污染和食品污染,这两方面问题都影响着人类的健康。一旦土壤中的污染物转移到水体中,又会引起水体的污染,破坏水体生态系统,引起水体自净功能的减弱,水环境与水质恶化等一系列问题,而这些问题都会对生态系统产生危害。

5.3.1　对植物的毒害及农产品安全危机

土壤污染中部分金属元素是植物生长所必需的元素,但土壤中这些金属元素必须保持在一个合适的范围内,浓度低不利于植物和农作物生长,过高又会抑制植物生长。比如说:

(1)铁、钾离子都是植物生长所需要的无机离子,但浓度过高又会抑制植物和农作物生长。

(2)植物对铜、锌含量更为敏感,最适范围很窄,浓度过高和过低都不利于植物的生长。

(3)铬、汞、砷都是植物生长的非必需元素,浓度过高会抑制植物的生长。

表5.1中绘制出土壤中重金属含量对植物生长的影响。

表5.1　土壤中重金属含量对植物生长的影响

重金属	质量浓度/($g \cdot m^{-3}$)	对植物的影响
锌	有效锌;>400~500	毒害
镍	有效镍;>15~25	毒害
铜	可置换铜;>98~130	毒害
铅	水耕法;>30 砂子耕法;>150~200	毒害 毒害
镉	镉含量/锌含量;>100~200	生育受阻
铬	水耕法;>5 施用量0.1%	生育受阻 大麦全部死亡

有研究结果表明,陆地生态系统中植物的根系可以吸收土壤环境中的有机和无机污染物质,累积在植物体内。如:DDT、阿特拉津、氯苯类、多氯联苯、氨基甲酸酯、多环芳烃等有机污染物以及众多的重金属。由于植物对污染物质的吸收没有严格的筛选过程,所以许多可溶性污染物质能够被植物的根系吸收进入植物体内。这在另一方面也给我们一些启示,可以研究植物对污染物质迁移和转化过程来对污染土壤环境进行修复。利用植物能够对污染物质的吸收和吸附,累积甚至是硝化作用来去除污染物。有些植物根系分泌物对无机污染物的吸附和解吸、有机污染物的降解有着重要的作用。

我国土壤污染的趋势越来越严重,范围越来越广。据一些调查分析,全国受污染的耕地占全国总耕地面积的1/10以上,受铅、铬、砷等重金属污染的耕地面积约占总耕地面积的1/5。在这些污染区域,污染的原因包括工业排放的“三废”物质、污水灌溉区域、因固体废弃物堆放和填埋占地,以及农药污染。这些污染物质对植物和农作物的危害巨大,不仅会对农作物的产量造成很大的影响,而且由于农作物被污染而带来的健康和食品安全问题也在与日俱增。

土壤污染的危害包括以下两种情况:一是土壤污染会降低农作物的产量,而且会影响农作物的质量。这是由于虽然有毒物质或重金属等污染物质并没有超过所规定的卫生标准,但低浓度的污染物质在农作物中的积累会明显影响农作物的生长和农产品的质量。二是虽然有毒有害物质超过卫生许可范围,但农作物的产量并没有明显的减少甚至不受影响。引起农产品污染的主要原因有,植物吸收了土壤中的污染物质并在植物体内不断积累;污染物质在植物体内的存在导致了植物体内微量元素的拮抗作用;在食品加工过程中也会对食品有部分的污染,以及食品中营养物质也会部分流失。

农业污染的经验告诉我们,现在使用大量的农药化肥只能提高农作物的产量但并不能修复土壤的健康环境。仅仅提高农作物的产量,但却无法弥补农作物的品质,以及对土壤环境的损害,无法补偿农作物品质下降所带来的损失。土壤污染对农作物的生产、食用以及进出口都带来越来越大的影响,已经引起人们的高度重视。

5.3.2　对动物的毒害及生态安全危机

土壤污染对动物的毒害作用有很多种方式,土壤中的污染物质会在植物或农作物体内积累,而动物吃掉植物和农作物后会使污染物质转移到动物体内,最终被人类所食用,危害人类的健康与安全。污染物质也会随着人类、动物和植物的代谢作用积累到土壤中,土壤中的这些物质反过来作用于土壤中的微生物,如:细菌、真菌等,这些微生物对高等的后生动物产生影响,污染物质在各种生物体内逐渐积累与放大,最后还是会被高等动物所吸收。

土壤污染尤其是采矿废弃物中的重金属会影响土壤中微生物的群落结构,使得微生物群落变得越来越简单,尤其是对原生动物的群落组成和结构会有很大的影响。土壤重金属污染会对微生物生长产生重大的影响,致使不能够耐受重金属的微生物被淘汰,所以在污染土壤中的微生物群落结构会比正常土壤或污染之前的土壤中微生物的群落结构简单得多。造成这种变化的原因主要是有两种情况:一是土壤中部分的微生物种类不能耐受高浓度的土壤污染物,尤其是重金属,大量微生物会逐渐死亡消失,从而导致土壤生态系统中大量的微生物消失,污染土壤系统中微生物群落结构简单;二是在土壤环境中有部分微生物种类对污染物的浓度不敏感,能够在长时间与污染物的接触情况中对污染物质产生耐受作用,而逐渐存活下来。

土壤中部分微生物或动物对土壤污染有指示性作用,比如说蚯蚓。蚯蚓在土壤环境中的活动可以增加土壤的孔隙率,改良和改善土壤,增加土壤的肥力等。同时它又构成了土壤生物与陆生动物之间的媒介,能够起到桥梁的作用。但是由于现代社会的不断发展,农药、化肥、固体废弃物等污染物大量堆积填埋在土壤环境中,对蚯蚓的活动、生长、繁殖,甚至是生存都构成了极大的破坏,也对土壤生态系统构成了严重的威胁。

蚯蚓毒理学的研究可以评价不同的化学药品对环境安全性的威胁程度。蚯蚓生态毒理学是指以蚯蚓为研究对象的载体进行测试,根据被检测目标物对蚯蚓的毒理学指标来衡量是否对生态系统造成危害。联合国经济发展合作组织化学品监测规划生态毒理学组(OECD)与欧洲经济共同体(EEC)分别于 1984、1985 年先后颁布了关于实验室研究化学物质对蚯蚓急性毒性的指导性文件,标志着急性毒性实验标准方法的确立。1990 年,我国出版了《国家环境保护局化学品测试准则》一书,描述了蚯蚓急性毒性试验的滤纸接触法和人工土壤法。后来,人们又逐步发展了田间生态毒性试验法、污染环境生物检测法和目前研究十分热门的生理、细胞及分子等微观水平的毒性试验法。评价对象涉及重金属、有机农药和一些持久性有机物(如 PCB 和 PAH)等几大类化学污染物。

5.3.3　对土壤微生物生态效应的影响

土壤中微生物的种类可以分为细菌、放线菌、真菌、藻类、原生动物。细菌包括自养型细菌,如:硫化细菌、硝化细菌、脱氮菌和固氮菌。它们以分解者的身份参与矿物质循环,植物共生作用,每克土壤中大约含有 1 500 万个。放线菌主要是丝状原核菌,每克土壤中大约含有 70 万个,真菌主要是指酵母菌和丝状菌,每克土壤中大约含有 40 万个细菌,它们都是分解者,而藻类中的绿藻、蓝绿藻等是生态系统中的生产者。原生动物比如纤毛虫和鞭毛虫都是消费者。

土壤微生物是维持土壤生物活性的重要组分,它们不仅调节着土壤动植物残体和土壤有机物质及其他有害化合物的分解、生物化学循环和土壤结构的形成等过程,且对外界干扰比较灵敏,微生物活性和群落结构的变化能敏感地反映出土壤质量和健康状况,是土壤环境质量评价不可缺少的重要生物学指标。土壤污染会对土壤中生物类型、数量、活性、土壤酶系统及土壤呼吸代谢等作用产生较大的影响,危害到土壤生态系统的正常结构和功能。污染物对土壤生态系统中生物的影响比较复杂,取决于土壤的组成和性质等多种环境因素。土壤环境中,污染物对微生物的影响表现在微生物的数量、土壤酶活力、呼吸强度和硝化速率等几个方面。下面分别讨论:

(1)对土壤微生物数量的影响。污染物质会破坏土壤中微生物的细胞结构,对微生物新陈代谢产生抑制等作用。微生物细胞的生长和分裂因此受到延迟和终止,所以污染物对土壤的危害总是先表现在微生物数量的变化。这种影响取决于污染物和土壤中微生物的种类,并与土壤环境有着相互的关系,使得污染物质对土壤微生物影响的规律并不明显。

(2)对土壤微生物群落和多样性的影响。微生物数量上的变化表征的是土壤微生物总量的变化,在污染物的胁迫作用下,土壤微生物群落结构也会发生相应的变化,优势种因为污染物的诱导发生改变,同时还使微生物多样性降低。

(3)对土壤酶的影响。微生物的新陈代谢主要是酶的作用,酶数量和活性与微生物的代谢有着密切的影响。所以根据污染物质对土壤中酶活性的影响可以反映土壤中微生物的变化。

(4)对硝化和反硝化的影响。污染物对土壤硝化和反硝化作用的生态效应受到微生物种类、污染物种类以及土壤环境因素的制约。

(5)对土壤呼吸作用的影响。污染物对土壤微生物的呼吸作用也同样因为污染物和微生物种类的不同而有所差别。Tu 研究发现,土壤微生物的氧气消耗速率随着有机磷浓度的增加而增加,认为大多数农药对土壤微生物活性影响较大,多数情况下表现为对土壤呼吸作用、硝化作用、氨化作用等产生暂时的抑制作用。

污染物质进入土壤后,会通过食物链的各级消费者不断积累与放大,当人体的有毒有害物质积累到一定程度,就会逐渐对人体产生毒性作用,引起各种疾病。

第6章 重金属污染土壤修复的理论与技术

6.1 土壤的重金属污染

6.1.1 环境中的重金属

对于重金属的概念目前还没有严格的定义,通常是指相对密度大于5.0的金属,或者具体来说,是指具有金属性质且在元素周期表中原子序数大于23的大约45种金属元素。人体非必需而又有害的金属及其化合物,在人体中少量存在就会对正常代谢产生灾难性的影响,这类金属称之为有毒重金属,主要是汞、镉、铅、锌、铜、钴、镍、钡、锡、锑等,从毒性角度通常将砷、铍、锂、硒、硼、铝等也包括在内。环境中的重金属通常是指生物毒性显著的汞、镉、铅、铬以及砷等,这5种重金属对人体的危害也最大。

有毒重金属主要来源于矿物冶炼过程中,并被释放到环境中,工业生产中涂料、造纸、印染等材料加工以及制成品加工,农业生产活动中施用化肥、农药等都会存在不同程度的重金属污染。而自然情况下的重金属含量较低,主要来源于母岩及残落生物质,不会对人体及生态系统造成危害。

重金属毒物对人体的毒害程度主要与其种类、进入人体的途径及受害人体的情况、存在的化学形态有关。而重金属的生物毒性的决定性因素是其形态分布,不同的形态产生不同的生物毒性,进而产生不同的环境效应,直接影响着其在自然界的循环和迁移。重金属转化及其形态的研究,对于重金属污染治理和防治具有重要的指导意义。

目前,对于重金属形态的定义及分类还没有明确和统一的方法,但是欧洲参考交流局(即BCR)结合不同的分类及定义方法,将重金属的形态大致分4类:酸溶态(如碳酸盐结合态)、可还原态(如铁锰氧化物态)、可氧化态(如有机态)和残渣态。

下面简要介绍这4种形态的定义:

(1)酸溶态(如碳酸盐结合态):是指土壤中重金属元素在碳酸盐矿物上形成的共沉淀结合态。对土壤环境条件特别是pH最敏感,当pH升高时使游离态重金属形成碳酸盐共沉淀,反之,当pH降低时,容易重新释放出来而进入环境中。

(2)可还原态(如铁锰氧化物态):铁锰氧化物态一般可以反映人类活动对环境的污染,一般是以矿物的外囊物和细粉散颗粒存在,活性的铁锰氧化物比表面积大,能够吸附或共沉淀阴离子。土壤中pH和氧化还原条件变化对铁锰氧化物结合态有大的影响,pH和氧化还原电位较高时,有利于铁锰氧化物的形成。

(3)可氧化态(如有机态):有机结合态重金属一般来源于人类排放的富含有机污染物的污水或者水生生物的活动,有机态重金属是土壤中各种有机物如动植物残体、腐殖质及矿物颗粒的包裹层等与土壤中重金属螯合而成。通常重金属离子为核心,以有机质活性基团为配体结合，有时也以重金属与硫离子结合成的难溶物质的形式存在。

(4)残渣态：残渣态重金属一般存在于硅酸盐、原生和次生矿物等土壤晶格中，是自然地质风化过程的结果，在自然界正常条件下不易释放，能长期稳定在沉积物中，不易为植物吸收。残渣态结合的重金属主要受矿物成分及岩石风化和土壤侵蚀的影响。

另外，还有一种不包含在分类定义中的重要的重金属形态，即可交换态重金属，反应生物毒性作用和人类近期排污情况，指吸附在黏土、腐殖质及其他成分上的金属，植物可以将其吸收，对环境变化敏感并且易于迁移转化。

土壤中重金属元素不能为土壤微生物所分解，易于积累，最终通过生物积累途径危害人类的健康，因此，如何有效地治理重金属污染土壤问题成为目前研究的重点和难点。

6.1.2　世界土壤重金属污染

最近几十年来，随着工业设施、能源开发和市政建设的迅速发展和完善，全球人口飞速增长，使得大量具有潜在毒性的化合物排放到环境中，比如重金属等。据粗略统计，在过去的50年中，全球排放到环境中的镉达到22 000 t、铜939 000 t、铅783 000 t和锌135 000 t，其中有相当部分进入土壤后使得土壤结构遭到破坏，生态系统无法行使正常功能。而土壤重金属污染具有隐蔽性、长期性和不可逆性，并且在土壤中的停滞时间长，植物或微生物不能降解。重金属污染不仅导致土壤的退化、农作物产量和品质的降低，而且还可能通过直接接触、食物链传播而威胁人类健康乃至生命。

当前世界各国也都面临着严峻的土壤重金属污染问题。

如澳大利亚最古老的威利比污水处理农场，位于墨尔本市西南35 km，也具有100多年历史，其中土地过滤（污水灌溉）系统占地3 633 hm^2。土壤中的重金属特别是Cr、Cu和Zn的污染已相当严重，土壤中重金属积累的时空模型服从于指数方程。印度Mysore地区，由于造纸厂污水灌溉，致使水稻田土壤污染，特别是Cr最为严重，达到320 mg/kg。德国Braunschweig地区，对4 300 hm^2砂土（其中3 000 hm^2是农业耕地）进行废水灌溉，现已发现该地区存在严重的镉污染。英国早期开采煤炭、铁矿、铜矿遗留下的土壤重金属污染经过300年依然存在。1996到1999年间，英格兰和威尔士尝试挖出污染土壤并移至别处，但并未根本解决问题。从20世纪中叶开始，英国陆续制定相关的污染控制和管理的法律法规，并进行土壤改良剂和场地污染修复研究。日本的土地重金属污染在20世纪六七十年代非常严重。其经济的快速增长导致了全国各地出现许多严重环境污染事件，被称为四大公害的骨痛病、水俣病、第二水俣病、四日市病，就有三起和重金属污染有关。荷兰在工业化初期土地污染问题严重。从20世纪80年代中期开始，加强土壤的环境管理，完善了土壤环境管理的法律及相关标准。国土面积4.15万km^2的荷兰每年要花费4亿欧元修复1 500～2 000个场地，预计到2015年基本能修复全部污染土壤。

由此可见，人类赖以生存的主要资源之一就是土壤，而土壤重金属污染已经成为全球面临的重要的问题。土壤是农业发展的基础并且决定着农产品的产量和质量，土壤污染对人类的危害非常大，因其污染而直接导致粮食减产，通过食物链也会间接影响人类的身体健康。因此，对于重金属污染土壤的治理和修复，是全世界面临的十分重要的任务。

6.1.3　我国土壤重金属污染

近年来，随着我国人口快速增长、农业生产中农药与化肥大量施用以及工业生产迅速发展，大量重金属污染物进入土壤环境，造成土壤重金属污染日益严重。我国土壤重金属污染中 Hg、Cd 污染最为严重，Pb、As、Cr 和 Cu 的污染也比较严重。

据2007年第1次全国污染源普查公报，我国31个省（市）工业污染源、农业污染源、生活污染源等592.6万个普查对象中，农业污染源中主要水污染物中 Cu 排放量达到2 452.09 t，Zn 达到4 862.58 t。工业废水中重金属产生量为24 300 t。2008年重金属（Hg、Cd、Cr、Pb、As）排放量位于前4位的行业依次为有色金属矿采选业、有色金属冶炼及压延加工业、化学原料及化学制品制造业、黑色金属冶炼及压延加工业。这4个行业重金属排放量为483.4 t，占重点调查统计企业排放量的84.5%。2010年经由全国66条主要河流入海的重金属42 000 t，其中 Cu 4 159 t、Pb 2 812 t、Zn 34 318 t、Cd 191 t、Hg 77 t、As 4 226 t。据农业部进行的全国污水灌溉区域调查，我国拥有占世界1/5的人口，却只有占世界7%的耕地，在约140万 hm^2 的污水灌区中，遭受重金属污染的土地面积占污水灌区面积的64.8%，估计有0.1亿 hm^2 污染土壤，每年被重金属污染的粮食达1 200万 t，造成的直接经济损失超过200亿元。

这引起了国家有关部门的高度重视，在国家环境保护"十二五"规划中，提出要遏制重金属污染事件高发态势，加强重点行业和区域重金属污染防治。因此，在我国经济高速发展但是耕地资源日益紧张的今天，高效安全地修复重金属污染土壤已成为极为紧迫的任务。

6.2　重金属污染土壤修复技术的分类

重金属污染土壤修复就是指实施一系列的技术将土壤中的重金属清除出土体或将其固定在土壤中，降低土壤中重金属生物的有效性和迁移性，以期修复土壤生态系统的正常功能，从而减少土壤中重金属向食物链和地下水的转移，达到降低重金属的健康风险和环境风险的目的。重金属污染土壤种类复杂多样，修复可采取不同的策略，单一修复技术都有一定局限性，各种技术的组合，可从时间和空间上达到各种技术的优势互补，实现对土壤重金属污染修复的最佳效果。

在实际修复过程中，最终方案的选择是由以下因素决定：①污染物性质、污染程度、土壤条件等；②修复后土地的利用类别和方案；③技术上和经济上的可行性；④环境的、法律的、地理和社会因素也会进一步决定修复技术的选择。

6.2.1　按学科分类

重金属污染土壤的修复技术，按学科分类主要有物理/化学修复、农业生态修复技术和生物修复。

物理修复技术是基于机械、物理、工程方法，主要包括客土、换土和翻土法，电动修复法和热处理法等。由于客土、换土和翻土法操作花费大，破坏土壤结构，土壤肥力下降；电动修复法在实际运用中受其他多种因素影响,可控性差;热处理法对气体汞不易回收等,因此,物理方法在实际应用中有一定局限性,主要应用于急性事件的处理。重金属污染土壤修复技术发展迅速,研究与应用较多的主要是生物修复技术和化学稳定固化修复技术。

化学修复包括化学稳定固化和化学淋洗。化学稳定固化是向土壤中加入重金属固化剂或钝化剂,改变重金属和土壤的理化性质,通过吸附、沉淀等作用降低土壤中重金属的迁移能力和生物有效性。化学淋洗是在重力或外压作用下向污染土壤中加入化学溶剂,使重金属溶解在溶剂中,从固相转移至液相,然后再把溶解有重金属的溶液从土层中抽提出来,对溶液中重金属进行处理的过程。

农业生态修复技术是通过因地制宜地调整耕作管理制度以及在污染土壤中种植不进入食物链的植物等,达到减轻重金属危害目的的技术。农业措施主要包括控制土壤水分、改变耕作制度、农药和肥料的合理施用、调整作物种类等。

生物修复是利用微生物或植物的生命代谢活动,将重金属从土壤中去除或改变重金属形态,降低重金属活性。其修复效果好、投资小、费用低、易于管理与操作、不产生二次污染,因而日益受到人们的重视,成为重金属污染土壤修复的研究热点。主要包括植物修复、微生物修复、动物修复。

植物修复能在不破坏土壤生态环境,保持土壤结构和微生物活性的条件下,对土壤实现原位修复,并且因成本低廉、操作安全而成为当前研究开发的热点。

植物修复主要有以下几个类别:

植物吸收:利用积累植物、超积累植物大量吸取土壤中的金属元素,通过收获植物体并加以适当处理,达到去除或降低土壤中污染物元素的目的。可用于重金属修复,也可用于有机污染物污染修复,但实际上多适用于前者。

植物稳定:通过耐重金属植物及其根际微生物的分泌作用螯合、沉淀土壤中的重金属,以降低其生物有效性和移动性,从而降低了重金属的环境污染。比如说,防止或减轻了对地下水和地表水的次生污染。

植物根滤:利用植物根系吸收或吸附水体中的重金属,达到净化污染的目的。

植物挥发:植物将污染物吸收到体内后通过叶片挥发将其转化为气态物质释放到大气中,在这方面研究最多的是挥发性非金属元素硒和金属元素汞。

植物降解:有两方面的机理。一是植物通过体内的代谢过程,对吸收的有机污染物进行降解;二是通过植物根系分泌物提供碳源和氧源,促进根系环境中喜阳菌群及其他菌种的发育及活性,从而增强根际原位细菌对有机污染物的氧化降解作用。

微生物修复主要是利用微生物对重金属的吸附作用和转化将其变成低毒产物,从而降低污染程度。微生物不能直接降解重金属,但可改变重金属的物理或化学特性,影响重金属的迁移与转化。微生物修复重金属污染土壤的机理包括生物吸附、生物转化、胞外沉淀、生物累积等。微生物类群主要包括细菌和真菌。

动物修复就是利用土壤中的某些低等动物(如蚯蚓、鼠类等)能吸收重金属的特性,在一定程度上降低了污染土壤中的重金属含量,达到了动物修复重金属污染土壤的目的。

6.2.2　按场地分类

根据处理土壤的位置是否变化可以分为原位修复和异位修复。异位修复即异位修复技术,又可分为场外修复和异地修复,是将土壤提取出来,或者在当地进行场外修复,或者移至其他地方进行异地修复。

6.3　重金属污染土壤修复的理论基础

目前重金属污染土壤修复技术发展迅速,研究与应用较多的主要是生物修复技术和化学稳定固化修复技术,下面分别探讨化学修复、植物修复、微生物修复重金属污染土壤的机理。

6.3.1　土壤中重金属的动力学行为特征

土壤中的重金属以不同的化学形态存在,其中生物有效态能够被植物吸收并转移到地上组织。在土壤的重金属库中,生物有效态的含量,是由诸多因素决定的,包括:重金属的化学形态及比例、土壤的理化性质、气候条件、农业技术措施,以及植物的基因类型。所以说,生物有效态的化学形态及相应的提取试剂很难找到统一的通用模式。

土壤中重金属受环境因素影响的过程实际上是吸附—解吸—再解吸的过程,各个阶段的动力学特征均具有共性,也就是说,土壤解吸/吸附过程都划分为两个阶段:初始快速反应阶段和一段时间后的慢速反应阶段。快速反应阶段是重金属以化学反应为主;慢速反应阶段,重金属解吸以物理反应为主,其动力学过程均可用 Elovich 方程和双常数速率方程即 Freundlich 修正式拟合。即这两个模型是定量表达土壤中重金属的吸附态和溶解态分配比例模型。

模型中的分配系数是很重要的系数,它是指平衡状态下,土壤溶液中重金属元素浓度对固相重金属元素浓度的比例,简言之,就是分配系数小,较大比例的固相重金属保持在固相,重金属的活性相对较低,分配系数是个变量,不同的重金属在不同的土壤中有不同的分配系数。同一土壤的分配系数是可以随着土壤的物理化学状况的变化而变化的。

重金属污染土壤的固定或稳定修复方法就是通过化学和物理化学方法,改变重金属的固液相分配、固相中的形态、有效性形态比例,从而达到降低土壤中重金属的活性的目的,重金属污染的土壤的固定修复法就是基于土壤中重金属动力学行为的基本原理。

6.3.2　植物修复重金属污染土壤的原理

所谓植物修复就是利用超积累植物清除土壤中重金属污染的原理,实际上是指将某种特定的植物种植在重金属污染的土壤上,而该种植物对土壤中的污染元素具有特殊的吸收积累能力,将植物收获并进行妥善处理(如灰化回收)后可将重金属移出土体,达到治理污染与修复生态的目的。而这些用于重金属污染土壤修复的植物就叫作超积累植物。超积累植物进行土壤重金属污染修复的原理主要是以下两个方面:

(1)超积累植物对根际土壤中重金属的活化。

①超积累植物酸化土壤中不溶态的重金属。植物的根系可以分泌质子,从而促进了植物对土壤中元素的活化和吸收。

②超积累植物螯合土壤中的重金属。

③超积累植物能分泌一些特殊的有机酸来和重金属螯合。一些单子叶植物在缺 Fe 条件下能释放植物高铁载体,促进土壤 Fe、Zn、Cu、Mn 的溶解。超积累植物也可能分泌类似于金属硫蛋白或植物螯合肽等金属结合蛋白作为植物的离子载体,还可能分泌某些化合物,促进土壤中金属的溶解。

④超积累植物还原土壤中的重金属。在超积累植物的根细胞质膜上的专一性金属还原酶作用下,可还原土壤中高价金属离子,使其溶解性增加。在缺铁或铜条件下,一些植物的根系还原 Fe^{3+} 或 Cu^{2+} 能力增加,使得吸收的 Fe、Cu、Mn、Mg 也增加。另外,Fe/ Mn 水合氧化物的吸附作用影响土壤中重金属的可移动性,当这些氧化物还原时,则导致吸附的重金属释放。

(2)超积累植物对土壤重金属吸收及其解毒机理。

根据植物的生长需要,重金属可分为必需元素和非必需元素,必需元素(如 Cu、Zn)是正常植物生长发育所必不可少的元素。但是无论是必需元素还是非必需元素,当超过植物自身的耐受限度时就会对植物产生伤害,甚至中毒死亡。

植物对重金属的生理机制可分为外部排斥和内部耐受机制:外部排斥机制可以组织金属离子进入植物体或避免在细胞内敏感位点的累积;内部耐受机制主要是产生重金属螯合物质,如小分子有机酸氨基酸、结合蛋白等,将进入细胞的重金属转化为无毒或毒性较小的结合态,从而缓解体内重金属毒害效应。在重金属的胁迫下,植物往往是采用多种机制的联合作用,避免原生质中金属的过量积累,减少中毒症状的发生,保证超积累植物能在高浓度的金属环境中生长、繁殖并完成进化史。植物对重金属外部排斥和内部耐受机制的机理主要表现为如下几个方面:

①重金属与细胞壁结合的固定作用。

细胞壁是重金属进入细胞的第一道屏障,重金属首先要通过植物根细胞壁才能进入植物体,然后通过共质体途径进入木质部,再由木质部导管向上运输到地上部分,在重金属输送到茎或叶部分时同样会受到细胞壁的阻挡,细胞壁的金属沉淀作用机理可能是一些植物耐重金属的重要原因。重金属被限于细胞壁上不能进入细胞质影响细胞的代谢活动,使植物对重金属表现出耐性,因此细胞壁可以视为重要的金属离子储存场所,Kramer 分析了在非致死的镍供应水平下,遏蓝菜属超积累植物 *Thlaspigoesingense* 中 70% 的镍与细胞壁结合。只有当金属与细胞壁的结合达到饱和时,多余的金属才会进入细胞质。

植物细胞壁由多糖、木质素、蛋白质构成,这些物质的有机配位基团会与重金属发生一系列的反应,改变重金属在植物体内的蓄积行为,减少重金属离子的跨膜物质运输,降低原生质体中重金属离子浓度,维持细胞正常代谢。不同植物细胞壁的差异导致对重金属的吸附能力和吸附机制不同,此外,重金属离子浓度、pH、温度也会影响植物对重金属的吸附能力。

②重金属排斥的根部束缚作用。

减少和限制金属离子跨膜运输也是一些植物耐受金属污染的重要原因。植物限制金属离子跨膜吸收主要是基于原生质膜吸收机理,通过原生质膜的选择透性、转性的金属离子溢泌作用或者通过改变根际的化学性状来降低金属的有效性。某些植物还可以通过根际的化学性状的改变,如根际分泌螯合剂、形成跨根际氧化还原梯度、形成跨根 pH 梯度来实现降低重金属的有效性。

③超积累植物超量吸收与解毒重金属的分子生物学机理。

植物金属硫蛋白(MTs) 属于金属硫蛋白(MT) 命名系统中的第二类,该分子呈椭圆形,相对分子质量为 6 500 D,直径 3 ~5 nm,分两个结构域,每个结构域含 7—12 个金属原子,具有特殊的吸收光。植物 MTs 通过半胱氨酸蛋白酶(Cys) 上的巯基与细胞内游离重金属离子相结合,形成金属硫醇盐复合物,降低细胞内可扩散的金属离子浓度,从而起到解毒作用。

对于 MT 基因在植物体内的表达产物和功能,以及 MTs 是否是植物高耐重金属的主要机制仍然不很明确,只能初步判定植物 MTs 可能在金属离子的吸收和维持体内金属离子平衡中起调节作用。目前尽管已经证实 MT 基因存在于许多种植物中,但大多数植物对重金属都不表现耐性。

植物螯合肽(PCs)在植物体内是第三类 MTs,是一类重要的非蛋白质形态富半胱氨酸的寡肽,是植物体内重金属解毒过程的重要参与者。通常认为 PCs 通过巯基与金属离子螯合形成无毒化合物,减少细胞内游离的重金属离子,从而减轻重金属对植物的毒害作用。近年来 PCs 的研究得到了国际上的重视。

Iouhe 等研究发现,赤豆(Vigna angularis) 细胞对 Cd 敏感,Cd 处理不能诱导其合成 PC,原因在于该细胞系缺乏 PC 合成酶活性;同时,PCs 在植物中主要是作为载体将金属离子从细胞质运至液泡中发生解离,因而 PCs 对重金属毒性的缓解取决于其形成复合物的速度或跨液泡膜的转运速度,而非其在细胞中的浓度。此外,PCs 的另一作用是保护对重金属敏感的酶活性。但也有报道认为植物重金属耐性与 PCs 无关,而是由于酶系统对重金属的规避性及区域化不同造成的。对于这一说法还有待考究。

6.3.3　微生物修复重金属污染土壤的原理

作为土壤生物修复技术的重要组成部分,微生物修复技术是最具发展和应用前景的生物学环保新技术。所谓微生物修复就是利用天然存在的或所培养的功能微生物群落,在一定的环境条件下,促进或强化微生物代谢功能,达到降低有毒污染物活性或降解成无毒物质的生物修复技术。而微生物修复土壤的重金属污染就是利用微生物的生物活性对土壤中的重金属进行吸附或转化为低毒产物,达到降低重金属的污染程度的目的。微生物虽然不能破坏和降解重金属,但可改变它们的物理或化学特性,从而影响金属在环境中的迁移与转化。其修复机理包括细胞代谢、表面生物大分子吸收转运、生物吸附、空泡吞饮和氧化还原反应等。微生物对土壤中重金属活性的影响主要体现在以下几个方面:

(1)微生物对重金属离子的生物吸附和积累。

土壤微生物既可以通过摄取营养元素的方式主动吸收重金属离子,也可通过细胞表面的电荷吸附重金属离子,最终将重金属离子积累在细胞表面或内部。

微生物对重金属离子的生物吸附和积累主要是通过胞外络合、沉淀以及胞内积累来进行的,其作用方式有:铁载体的结合;金属磷酸盐、金属硫化物形成的沉淀物;细菌胞外多聚体;金属硫蛋白、植物螯合肽和其他金属结合蛋白;真菌来源物质及其分泌物对重金属的去除。由于微生物对重金属具有很强的亲和吸附性能,有毒金属离子可以结合到胞外基质上,也可以沉积在细胞的不同部位,体内可合成金属硫蛋白(MT),MT可通过Cys残基上的巯基与金属离子结合形成无毒或低毒络合物,或者是被轻度螯合在可溶性或不溶性生物多聚物上。

(2)微生物对重金属离子的溶解和沉淀。

土壤环境中,微生物能够利用有效的营养和能源,通过分泌有机酸,如甲酸、乙酸、丙酸和丁酸等络合并溶解重金属。或者是直接通过自身的代谢活动溶解和沉淀重金属。

Chanmugathas,Bollag研究发现,在营养充分的条件下,微生物可以促进Cd的淋溶,从土壤中溶解出来的Cd主要和低相对分子质量的有机酸结合在一起;另外,在研究不同碳源条件下微生物对重金属的溶解能力时,发现以土壤有机质或土壤有机质加麦秆作为微生物碳源均可很好地促进重金属的溶解。

(3)微生物对重金属离子的氧化还原。

土壤中的一些重金属元素可以多种价位形态存在,当其以高价离子化合物存在时溶解度通常较小,不易发生迁移,而呈低价离子化合物存在时溶解度较大,较易发生迁移。微生物的氧化作用能使这些重金属元素以高价态的形式存在,从而使其活性降低。

有研究发现氧化亚铁-硫杆菌(Thiobacillus Ferrooxidans)能氧化硫铁矿、硫锌矿中的负二价硫,使元素Fe、Zn、Co、Au等以离子的形式释放出来。微生物还可以通过氧化作用分解含砷矿,并且Dopson等研究了3株高温硫杆菌(Thiobacillus Caldus)协同热氧化硫化杆菌(Thiobacillus Thermosulfidooxidans)对砷硫铁矿的氧化分解,提出了高温硫杆菌加速砷硫铁矿分解的可能机制。

(4)甲基化和脱甲基化的作用。

厌氧条件下在微生物的作用下Hg、Cr、Pb可与CH_3^-发生反应生成甲基化金属有机化合物,从而改变了重金属的环境行为和毒性。环境中的甲基化作用大多是通过生物作用尤其是微生物的作用完成的。如砷(Ⅴ)的甲基化产物的毒性要小于砷酸盐,而对于另外一些元素如汞,甲基汞的毒性要大于无机态汞。但是绝大多数的甲基化的重金属都有很强的毒性,所以甲基化金属的微生物去甲基化是很重要的,为消除甲基化重金属提供了可能的途径。

(5)微生物对土壤重金属-有机络合物的生物降解。

重金属能与土壤中的有机质形成稳定络合物从而对重金属在土壤中的化学行为产生深远的影响。而重金属-有机络合物在被微生物降解后,重金属则会以氢氧化物或生物吸附的方式沉淀。

(6)菌根真菌与土壤重金属的生物有效性影响。

真菌侵染植物根系后形成共生体——菌根。菌根真菌与植物根系共生能促进植物对营养养分的吸收和植物生长。菌根真菌不仅能借助有机酸的分泌对土壤中某些重金属离子进行活化,而且能以其他形式如离子交换、分泌有机配体、激素等间接作用影响植物对重金属的吸收。

研究发现,丛枝菌根真菌能极大地提高Cu在玉米根系中的浓度和吸收量,而玉米地上部分的Cu浓度和吸收量变化不显著,这表明丛枝菌根有助于消减Cu由玉米根系向地上部分的运输,从而增加了植物对过量重金属的耐性。

6.4　重金属污染土壤的植物修复技术

前面已经介绍了植物修复的含义、类别，以及机理。所谓植物修复技术就是利用植物及其根系微生物对污染土壤、沉积物、地下水和地表水进行清除的生物技术。植物修复与物理、化学和微生物处理技术相比有其独特的优点，但植物修复技术本身及发展过程中也存在一定的问题亟待解决。

重金属超积累植物虽然早已发现，但是作为一种技术对污染土壤进行修复，是近20年来的新兴研究领域，很多学者都积极倡导并推崇重金属污染土壤的超积累植物修复技术，而这项技术也在逐步迈向商业化进程。

6.4.1　重金属超积累植物

重金属超积累植物是植物修复的核心部分，只有寻找到某种重金属的相对应的超积累植物才能进行植物修复。1977年Brooks提出了超积累植物的概念，认为是那些超量地积累某种或某些化学元素的野生植物。1983年，Chaney提出了利用超积累植物清除土壤中重金属的思路即植物修复。紧接着，英国Sheffield大学的Baker提出超积累植物具有去除重金属污染和实现植物回收的实际可能性，且此植物具有与其他一般植物不同的生理特性。

超积累植物是指能超量吸收重金属并将其运移到地上部的植物，包括3个指标：一是植物地上部积累的重金属应达到一定的量，一般是正常植物体内重金属量的100倍左右，由于不同元素在土壤和植物中的自然浓度不同，临界值的确定取决于植物积累的元素类型，表6.1为重金属在土壤和植物中的平均值以及超积累植物的临界标准(mg/kg)；二是植物地上部的重金属含量应高于根部，即有较高的地上部/根浓度比率；三是在重金属污染的土壤上这类植物能良好地生长，一般不会发生毒害现象。并且积累系数(BCF)和转运系数(TF)均应该大于1。

表6.1　重金属在土壤和植物中的平均值以及超积累植物的临界标准/($mg \cdot kg^{-1}$)

重金属种类	土壤中的平均质量分数	植物中的平均质量分数	矿物中的平均质量分数	超累积植物临界标准
Cd		0.1	1	100
Cr	60			1 000
Cu	20	10	20	1 000
Zn	50	100	100	10 000
Mn	850	80	1 000	10 000
Ni	40	2	20	1 000
Pb	10	5	5	1 000
Se		0.1	1	1 000

由于各种重金属在地壳中的丰度及在土壤、植物中的背景值存在较大的差异,因此对于不同重金属,其超积累植物积累浓度界限也有所不同,且大多数超积累植物只能积累1种或2种重金属。目前,全世界已经发现超积累植物500多种,我国目前主要发现的常见金属及其对应的超积累植物如表6.2所示。

表6.2 我国发现的主要重金属超积累植物

元素种类	元素质量分数 /(mg·kg^{-1})	典型超积累植物及物种名
Cd	>100	天蓝遏蓝菜(*Thlaspicaerulenscens*)、东南景天(*Sedum - alfredii Hance*)、芥菜型油菜(*Brassica juncea*)、宝山堇菜(*Viola baoshanensis*)、龙葵(*Solanum nigrum L*)等
Co	>1 000	星香草(*Haumaniastrumrobertii*)等
Cu	>1 000	高山甘薯(*Ipomoeaalp ina*)、金鱼藻(*Ceratophyllum-denersum L.*)、海州香薷(*E. sp. lendens*)、紫花香薷(*E. argyi*)、鸭跖草(*Commelina communis*)等
Mn	>10 000	粗脉叶澳洲坚果(*Macadamianeurophylla*)、商陆(*Phy-tolacca acinosa Roxb.*)等
Ni	>1 000	九节木属(*Psychotroiadouarrel*)等
Pb	>1 000	圆叶遏蓝菜(*Thlasp irotundifolium*)、苎麻(*Boehmerianivea* (*L.*) *Gaud.*)、东南景天(*Sedum alfredii Hance*)、蜈蚣草(*Pteris vittata L.*)、鬼针草(*Bidens bip innata*)、木贼(*Equisetum hiemale L.*)、香附子(*Txus rotundus L.*)等
Zn	>10 000	天蓝遏蓝菜(*Thlaspicaerulenscens*)、东南景天(*Sedum alfredii Hance*)、木贼(*Equisetum hiemale L.*)、香附子(*Txus rotundus L.*)、东方香蒲(*Typha orientalisL.*)(春季)、长柔毛委陵菜(*Potentilla grifithii Hook. f. var. - velutina. Card*)、水蜈蚣(*Kyllinga brevifolia Rot-tb.*)等
Cr	>1 000	李氏禾(*Leersia hexandra Swartz*)等
As	>1 000	大叶井口边草(*Pteris cretica L.*)等
Al	>1 000	茶树(*Camellia sinensis L.*)、多花野牡丹(*Melastoma affine L.*)等
轻稀土元素	>1 000	天然蕨类铁芒萁(*Dicrop teris dichitoma*)、柔毛山核桃(*Carya tomentosa*)、山核桃(*Carya cathayensis*)、乌毛蕨(*Blechnum orientale*)等

尽管超积累植物在修复土壤重金属污染方面表现出很高的潜力,但是其固有的一些属性还是给植物修复技术带来很大的局限性:

首先,重金属超积累植物是在自然条件下受重金属胁迫环境长期诱导形成的一种变异物种,这些变异物种因为受到环境和营养物质等其他因素的影响而生长缓慢,其生物量相对于正常植株也较低;其次,重金属超积累植物大多是在自然条件下演变产生的,因此对温度、湿度等条件的要求比较严格,物种分布呈区域性和地域性,物种对环境的严格要求使成功引种受到限制,不利于大规模的人工栽培;最后,重金属超积累植物的专一性很强,往往只对某一种或两种特定的重金属表现出超积累能力,并且积累能力与多种因素有关。

解决以上问题可从以下几个方面入手,最大限度地发挥超积累植物的修复能力:第一,利用生物学手段培育出产量高、适应性强的超积累植物物种;第二,寻找一种能同时积累几种重金属物质的植物并加以人工培育种植;第三,通过向土壤中添加螯合剂,例如添加EDTA、DTPA、CDTA、EGTA等人工螯合剂提高土壤中重金属物质的溶解度,从而增加超积累植物在根茎中的积累量。

6.4.2 超积累植物研究实例

从Minguzzi等1948年在意大利南部Tuscany地区的富镍蛇纹石风化土壤中发现庭芥属的植物A. bortolonti的干叶组织中镍的质量分数达到1%后,各国科学家陆续发现了很多重金属超积累植物。据统计,目前已发现的重金属超积累植物就达700多种,有些超积累植物能同时吸收、积累两种或几种重金属元素。而最重要的超积累植物主要集中在十字花科,世界上研究最多的植物主要在芸苔属(*Brassica*)、庭芥属(*Alyssums*)及遏蓝菜属(*Thlaspi*),这些超积累植物大多是在气候温和的欧洲、美国、新西兰及澳大利亚的污染地区发现的。目前我国还处于超积累植物的筛选和积累机理的研究阶段。

下面列举一些超积累植物研究实例。

(1)铬(Cr)超积累植物。目前世界上见诸报道的铬超积累植物仅有三种。即在津巴布韦发现的Dicoma niccolifera Wild和Sutera fodina Wild,其铬的含量分别为1 500 mg/kg和2 400 mg/kg,均高于铬的参考值1 000 mg/kg。

张学洪等通过野外调查研究李氏禾对铬的积累特征结果显示,李氏禾叶片内平均铬含量达1 786.9 mg/kg;叶片内铬含量与根部土壤中铬含量之比最高达56.83,叶片内铬含量与根茎中铬含量之比最高达11.59。多年生禾本科李氏禾对铬具有明显的超积累特性,进一步调查研究显示李氏禾地理分布很广、生长快、适应性强,因此李氏禾的发现将为植物的铬超积累机理与铬污染环境的植物修复研究提供新的重要物种。

(2)铜(Cu)超积累植物。蓖麻属于大戟科、蓖麻属,是一年生或多年生草本植物,株型高大,根系发达,耐贫瘠,适应性强,我们熟悉的蓖麻油在工业上具有广泛的用途,是巴西生物柴油产业的重要组成部分。营养液培养实验表明,铜浓度在40 mg/kg时,蓖麻地上部分铜含量高达2 186.4 mg/kg。这说明铜矿区的野生蓖麻不仅能够在铜含量很高的土壤和营养液中生长,还能在体内积累较多的铜,是一种新的铜超积累植物。国内外关于蓖麻铜超积累的研究还较少,作为生物量较大且有经济价值的新型超积累植物,未来在土壤重金属修复上将具有广阔的发展前景。

(3)铅(Pb)超积累植物。国外Reeves和Brooks报道遏蓝菜属*Rotundifoliu*中Pb浓

度可高达 8 200 mg/kg；圆叶遏蓝菜茎干重铅量达 8 500 mg/kg；印度芥菜不仅可吸收铅，还可吸收并积累镉、铜、镍、铬和锌等，将其培养在含高浓度可溶性铅的营养液中，也可使茎中铅含量达到 1.5%。常见的农作物如玉米和豌豆虽然也可大量吸收 Pb，但还不能达到植物修复的要求。

(4)锌(Zn)超积累植物。Zn 超积累植物主要是十字花科遏蓝菜属(*Thlaspi*)植物。Ebbs 等筛选了 30 种十字花科植物，发现印度芥菜、芸苔(B · napus)、芜箐(B · rapa)有很强的清除污染土壤中 Zn 的能力，并且其生物量是遏蓝菜的 10 倍，因而比遏蓝菜更具有实用价值。而禾本科植物如燕麦和大麦耐 Cu、Cd、Zn 能力强，且具有清除污染土壤中 Zn 的能力。

(5)Pb、Zn、Cu、Cd 等多种重金属超积累植物。由于重金属污染土壤通常表现为多种金属的复合污染，因此多金属超积累植物修复有着极其重要的意义。国内发现的多金属超积累植物非常少，目前有圆锥南芥、印度芥菜和东南景天等。汤叶涛等通过野外调查和营养液培养发现了国内首种具有超量积累镉、铅、锌的能力的植物圆锥南芥；印度芥菜也是目前筛选出的一种生长快、生物量大的 Cd、Pb、Zn 忍耐积累型植物。

6.4.3　植物修复技术的应用

植物修复技术作为 20 世纪 90 年代初兴起的一项清除环境中污染的新技术，因其与工程实践紧密结合的特点而逐渐发展成为一个热点研究领域，并逐步走向市场化和商业化。

Baker 等在英国洛桑试验站栽种不同超积累植物和非超积累植物，并且以田间试验首次研究了它们对土壤 Zn 污染的清除效果。结果表明 Thlaspi caerulescens 积累的 Zn 是非超积累萝卜的 150 倍，积累的 Cd 相应则是 10 倍。这种植物每年从土壤中吸收的 Zn 量为 30 kg/ha，是欧盟允许年输入量的 2 倍，而非超积累萝卜则仅能清除 1% 的量。

前面已经提到 *Brassica juncea* 属及印度芥子，能把 Pb 从根部转移到嫩枝，Pb 不是植物的必需元素，是吸收 Pb 的最佳植物。目前，已经利用这项植物修复技术去除土壤中的重金属 Pb，如美国已经有几个场地采用它来吸收 Pb；而 Edenspace 系统公司利用印度芥子提取法和 EDTA 活化金属剂等手段在新泽西 Bayonne 修复含 Pb 污染土，该场地的表土含 Pb 量为 1 000 ~ 6 500 mg/kg，平均含量达到 2 055 mg/kg，经过该项植物修复技术后，分别降到 420 ~ 2 300 mg/kg。

切尔诺贝利核电站 1986 年泄漏后，对其大面积的核污染放射利用红根苋这项植物修复技术来进行积累 ^{137}Cs，也表现出了很大的潜力。

相比于传统的物理、化学修复技术，植物修复技术表现出了技术和经济上的双重优势，主要体现在以下几个方面：

(1)可以同时对污染土壤及其周边污染水体进行修复。

(2)成本低廉，而且可以通过后置处理进行重金属回收。

(3)具有环境净化和美化作用，社会可接受程度高。

(4)种植植物可提高土壤的有机质含量。

但是植物修复技术也有缺点，如植物对重金属污染物的耐性有限，植物修复只适用于中等污染程度的土壤修复;土壤重金属污染往往是几种金属的复合污染,一种植物一般只能修复某一种重金属污染的土壤,而且有可能活化土壤中的其他重金属;超积累植物个体矮小,生长缓慢,修复土壤周期较长,难以满足快速修复污染土壤的要求。

针对植物修复技术的局限性,各国学者也进行了相关的探索,目前较为新颖的就是采用基因工程技术培育转基因植物,LeDuc 等将一种耐性基因 SMTA 转入印度芥菜的秧苗中,发现转基因型植物地上部积累的 Se 量高出野生型的 3 ~ 7 倍,根长度是野生型的 3 倍。但是,由于转基因植物容易诱发物种入侵、杂交繁殖等生态安全问题,以及用于田间试验和大规模推广是否会对食物链和生态环境产生不利影响, 需要做进一步的探讨和研究。

另外,植物对重金属的积累效果与许多因素有关,主要有重金属浓度、pH、电导率、营养物质状况、迁移速率(TF),有的还与土壤中磷、铅等微量元素及生物活性有关,因此,合理的农艺措施优化,如调节 pH、施用肥料及螯合剂等也是克服植物修复技术局限性的良好举措。

6.5　重金属污染土壤的化学和物理化学修复技术

6.5.1　土壤中重金属的固定和稳定(S/S 技术)

土壤的重金属修复可以通过挖掘、固定化、化学药剂淋洗、热处理、生物强化修复等来完成。其中运用物理和化学的办法把土壤中的有毒有害的污染物质固定起来的方法叫作稳定或者固化。也可以把土壤中不稳定的污染物质转化为无毒或无害的化合物,间接阻止其在土壤环境中的迁移、转化、扩散等过程,来减少污染的修复技术。

6.5.1.1　水泥的固化

水泥是一种常见和常用的材料,应用水泥在水化过程可以通过吸附、沉降、钝化和与离子交换等多种物理化学过程去除土壤中污染物质。一起形成氢氧化物或络合物形式停留在水泥形成的硅酸盐中,最大的好处是重金属加入到水泥中后形成了碱性的环境,又可以抑制重金属的渗滤。为了达到更好的去除效果,在使用水泥作为固化剂的时候需要考虑很多影响因素,常用的水泥为硅酸盐水泥。在使用过程中应该充分考虑到水泥自身水灰成分比例,水泥与废弃物之间的比例,以及反应的时间,是否需要投加添加剂,还要控制固化块成型的工艺条件等因素。

使用水泥同时也存在着很多缺点与不足,如硅酸盐水泥硬化后会被硫酸盐所侵蚀,硫酸盐能够与硅酸盐水泥所含的氢氧化钙反应生成硫酸钙或钙钒石,这就使得固化体积膨胀并增加。同时这也是硅酸盐不耐酸雨的原因,重金属会在酸性条件下从固化态的水泥中析出。

6.5.1.2　石灰/火山灰固化

这种方法是应用各种废弃物焚烧后的飞灰、熔矿炉炉渣和水泥窑灰等具有波索来反应的物质为固化材料,对危险废物进行修复的方法。这些物质都属于硅酸盐或铝硅酸盐体系,当发生反应时,具有凝胶的性质,可以在适当的条件下进行波索来反应,将污染物中的物质吸附在形成的胶体结晶中。

6.5.1.3 塑性材料包容固化

分为热固性塑料和热塑性塑料两种。热固性塑料是在加热时从液相变成固相的材料,常见的材料有聚酯、酚醛树脂、环氧树脂等。热塑性塑料指可以反复加热冷却,能够反复转化和硬化的有机材料,如聚乙烯、聚氯乙烯、沥青等。

这种方法的好处是当处理无机或有机废物时,固化产物可以防水并且抗微生物的侵蚀。同样也存在被某些溶剂软化,被硝盐、氯酸盐侵蚀的情况。

6.5.1.4 玻璃化技术

也称熔融固化技术,它的原理是在高温下把固态的污染物加热熔化成玻璃状或陶瓷状物质,使得污染物质形成玻璃体致密的晶体结构,永久地稳定下来。在处理后的污染物中,有机物质被高温分解,并成为气体扩散出去,而其中的重金属和其他元素可以很好地被固定在玻璃体内,这是一种比较无害化的处理技术。

6.5.1.5 药剂稳定化技术

通过投加合适的药剂改变土壤环境的理化性质,比如控制 pH、氧化还原电位、吸附沉淀等改变重金属存在的状态,从而减少重金属的迁移和转化。投加的药剂包括了有机和无机药剂,具体要根据土壤中污染物的性质来投加。投加的药剂有氢氧化钠、硫化钠、石膏、高分子有机稳定剂等。有机修复剂在处理土壤重金属污染方面有很大的作用,但同时修复剂的投加也会对生物有一定的毒害作用,需要引起注意。

目前,S/S 中的许多技术措施尚处在实验室研究阶段或中试阶段,应加快 S/S 技术示范、应用和推广,引导环保产业发展。

6.5.2 电动力学修复

电动力学修复(Electrokinetic Remediation),又被称为“绿色修复技术”,具有高效、无二次污染、节能,并能进行原位的修复等特点,其基本原理是将电极插入受污染土壤或地下水区域,通过施加微弱电流形成电场,利用电场产生的各种电动力学效应(包括电渗析、电迁移和电泳等),表 6.3 是这三种电动效应的比较,驱动土壤污染物沿电场方向定向迁移,从而将污染物积累至电极区然后进行集中处理或分离。

表 6.3 几种主要的电动效应

电动效应	运动物质	速度	与土壤性质关系
电渗析	空隙水	较慢	密切
电迁移	带电离子	快	较小
电泳	胶体粒子	较慢	密切

同时在电动修复过程中会发生电极反应:

阳极:$2H_2O-4e^- \rightarrow O_2+4H^+$　　$E_0=-1.23\ V$

阴极:$2H_2O+2e^- \rightarrow H_2+2OH^-$　　$E_0=-0.83\ V$

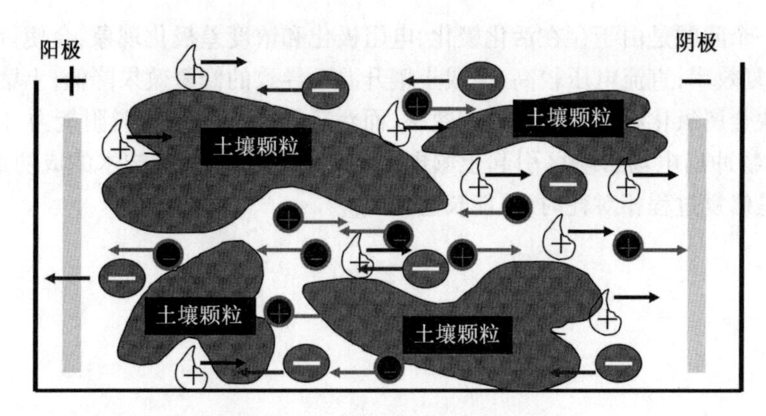

图6.1　电动修复技术原理示意图

电迁移指带电离子在土壤溶液中朝带相反电荷电极的运动；

电渗析流指土壤颗粒表面及微孔中的液体（一般带正电）在电场作用下的移动；

电泳指土壤中带电胶体粒子的相对于稳定液体的迁移运动。

由于水的电解作用导致电极附近pH发生变化，其中阳极产生H^+而使得阳极区呈现酸性，阴极产生OH^-而使得阴极区呈现碱性，同时带正电的H^+向阴极运动，带负电的OH^-向阳极运动，分别形成了酸性迁移带和碱性迁移带。酸性迁移带促使土壤表面的重金属离子从土壤表面解吸并溶解，并且进行迁移。

在这一过程中，土壤pH、缓冲性能、土壤组分及污染金属种类会影响修复效果。尤其是pH控制着土壤溶液中重金属离子的吸附与解吸，而且酸度对电渗析速度有明显影响，所以如何控制土壤pH是电动修复技术的关键。

控制pH的方法有：通过添加酸来消除电极反应产生的OH^-；在土柱与阴极池之间使用阳离子交换膜；也可在阳极池与土柱间使用阴离子交换膜以防止阳极池中的H^+向土柱移动，造成pH降低而影响电渗析作用；由于铁会先于水氧化而减少氢离子的产生，所以采用钢材料更佳，并定期交换两极溶液。

为了提高修复效率，许多学者对这一方法进行了完善和发展，并提出了电渗析法、氧化还原法、LasagnaTM法、酸碱中和法、阳离子选择膜法和表面活性剂法，以及利用微生物将六价铬转化为低毒三价铬后迁移去除的电动-生物联合修复。

相比于化学固定/稳定化法只能降低土壤中污染物的毒性，却不能从根本上清除污染物，面临着环境条件改变时会重新释放到土壤中的缺点，电动修复显示出了很多优点：

电动修复是一种原位修复技术，不必搅动土层，是一种效率较高并且经济的修复技术；在低渗透性、较低的氧化还原电位、较高的阳离子交换容量和高黏性的土壤的修复上有较高的去除效率；与化学固定/稳定化技术相比，电动修复是从根本上去除金属离子，并且是使金属离子通过移动去除，不引入新的污染物质，保持了土壤本身的完整性；对现有景观、建筑和结构的影响较小。

但电动修复重金属污染土壤也存在着技术上的局限：电动修复需要在酸性环境下进行，因此，控制稳定合适的酸性环境是急需解决的问题，但土壤酸化对环境的危害也是不允许的;另一个问题是由于存在活化极化、电阻极化和浓度差极化现象,会使得电流降低,从而降低修复效率;直流电压较高,造成土壤升温而导致的修复效果降低;土壤内部环境,如碎石、大块金属氧化物等会降低处理效率;而污染物的溶解性和脱附能力,以及非饱和水层将污染物冲出电场影响区引起土壤电流变化等因素都会对技术的成功造成不利影响;还有就是修复过程相对耗时,可能长达几年。

第7章　有机物污染土壤修复的理论与技术

7.1　土壤的有机物污染

随着经济的快速发展和城市化进程的加快,废水、废气、废渣的排放量急剧增加,加之农业生产上大量使用化肥、农药等化学物质,最终致使土壤遭到不同程度的污染。当污染物尤其是持久性有机污染物的进入量超过土壤的这种天然净化能力时,就会导致土壤的污染,有时甚至达到极为严重的程度。

土壤中有机污染物按污染来源分为石油烃类(TPH)、有机农药、持久性有机污染物(POPs)、爆炸物(TNT)和有机溶剂,其主要来源、特性和危害如下表7.1。

表7.1　土壤中有机污染物来源、特性及危害

土壤有机污染物	来源	特性	危害
石油烃类(TPH)	石油开采、加工、运输和使用过程中大量进入到环境中	水溶性交叉,生物降解缓慢,对土壤的理化性质及土壤生态系统影响严重	堵塞土壤空隙,改变土壤有机质组成和结构,阻碍植物呼吸作用;破坏植物正常生理功能;沿食物链积累到生物体内,危害健康
有机农药	长期、大量、不合理地使用农药	挥发性小、生物降解缓慢、高毒性、脂溶性强	进入植物体内,导致农产品污染超标,沿食物链积累到生物体内引发慢性中毒;增强土壤害虫的抗药性,毒害大量害虫的天敌
持久性有机污染物(POPs)	施用大量农药、天然火灾以及火山爆发	长期残留性、生物累积性、半挥发性和高毒性	能通过各种环境介质长距离迁移,沿食物链积累到生物体内,聚积到有机体的脂肪组织里
爆炸物(TNT)	爆炸工业	具有吸电子基团,很难发生化学或生物氧化、水解反应	在土壤环境中停留时间很长,是显著的环境危险物
有机溶剂	废液的不恰当处理、储存罐泄漏	挥发性、水溶性、毒性	抑制土壤呼吸,高浓度的氯化溶剂(TCE)会抑制土壤微生物的生长和繁殖,降低土壤呼吸率

农药污染土壤的主要途径有:将农药直接施入土壤或以拌种、浸种和毒谷等形式施入土壤;向作物喷洒农药时,农药直接落到地面上或附着在作物上,经风吹雨淋落入土壤中;

大气中悬浮的农药或以气态形式或经雨水溶解和淋洗,落到地面;随死亡动植物或污水灌溉将药带入土壤。

正构烷烃和多环芳烃是土壤中烃类物质的主要成分。多环芳烃(PAHs)是一类广泛分布于天然环境中的化学污染物,PAHs 中某些成分对人体和生物具有较强的致癌和致突变作用,如苯并(a)芘是强致癌物,严重影响人类健康和生态环境。PAHs 主要来源于人类活动和能源利用过程,如石油、煤、木材等的燃烧过程、石油及石油化工产品生产过程、海上石油开发及石油运输中的溢漏等都是环境中 PAHs 的主要来源。

7.2 有机物污染土壤的原位修复

7.2.1 原位修复的理论

原位生物修复(in Situ Bioremediation)是在污染现场就地处理污染物的一种生物修复技术,通过向污染的土壤中引入氧化剂(如空气、过氧化氢等)和其他营养物质、种植特殊植物甚至接种外来微生物、微型动物等使污染现场污染物在生物化学作用下降解,达到修复的目的。可以采用的形式主要有投菌法、土耕法、生物培养法和生物通风法等。

7.2.2 原位修复技术

7.2.2.1 植物修复

1. 植物的直接吸收和降解

植物对土壤有机物的降解包括植物固定和植物降解两部分。植物的固定是通过调节污染土壤区域的理化性质使有机污染物腐殖化从而得到固定;植物降解是指有机污染物被植物吸收后,可直接以母体化合物或以不具有植物毒性的代谢中间产物的形态,通过木质化作用在植物组织贮藏,或中间代谢产物进一步矿化为水和二氧化碳等,或随植物的蒸腾作用排出植物体。环境中大多数苯系物、有机氯化剂和短链脂肪族化合物都是通过植物直接吸收途径去除的。该技术主要用于疏水性适中的污染物,如 BTEX、TCE、TNT 等军用排废,对于疏水性非常强的污染物,由于其会紧密结合在根系表面和土壤中,从而无法转移到植物体内。而且挥发性污染物随蒸腾作用转移到大气和异地土壤中时或有毒有害有机物质转移到植物地上部分时可能对其他生物和人类产生一定的风险,故它的应用受到一定限制。

2. 植物分泌物的降解作用

植物的根系可向土壤环境释放大量分泌物,刺激微生物的活性,加强其生物转化作用,这些物质包括酶及一些糖、醇、蛋白质、有机酸等,其数量约占植物年光合作用的10% ~20%。这些根系分泌物中,植物根系释放到土中的酶对污染物的降解起到关键作用,它们可直接降解一些有机化合物,且降解速度非常快。植物死亡后释放到环境中还可继续发挥分解作用。另外植物还可以分泌共代谢的底物,使难降解污染物发生共代谢作用。

3. 增强根际微生物降解

根际(Rhizosphere)是指受植物根系活动的影响,在物理、化学和生物学性质上不同于土体的那部分微域土区。植物根际为微生物提供了生存场所,并可转移氧气使根区的好氧作用能够正常进行,植物根系分泌的一些物质和酶进入土壤,不但可以降解有机污染物,还向生活在根际的微生物提供营养和能量,刺激根际微生物的生长和活性,促进各种菌群的生长繁殖,使根际环境的微生物数量明显高于非根际土壤,形成菌根,可以增强微生物间的联合降解作用和提高植物的抗逆能力和耐受能力;同时,植物根系的腐解作用可以向土壤中补充有机碳,可加速有机污染物在根区的降解速度;根系的穿插作用能够起到分散降解菌和疏松土壤的作用。反过来,根际环境中微生物的作用不仅能够减轻污染物对植物的毒性,提高植物的耐受性,而且能够有效修复地力,促进植物的生长,从而加速对降解产物的吸收。这一共存体系的作用,将在很大程度上加速污染土壤的修复速度。

7.2.2.2　微生物修复

微生物能以有机污染物为唯一碳源和能源,或者与其他有机物质进行共代谢而降解有机污染物,由于其自身强大的降解能力和可变异性,且能够适应复杂的自然环境而广泛用于各类环境介质的污染修复。利用微生物降解作用发展的微生物修复技术是指利用土著微生物或投加外源微生物通过其矿化作用和共代谢作用将有机污染物彻底分解为 CO_2、H_2O 和简单的无机化合物,如含氮化合物、含磷化合物、含硫化合物等,从而消除污染物质对环境的危害,在农田土壤污染修复中较为常见。

传统微生物修复技术存在两个问题:第一,降解速度慢,降解不彻底;第二,难降解有机物,生物可利用性低。针对第一个问题,可以利用生物强化技术(Bioaugmentation),添加外源微生物或对土著微生物进行培养驯化,筛选能降解目标污染物的高效菌群,再将这些微生物添加到污染场所,以期在短期内迅速提高污染介质中的微生物浓度,利用它们的代谢作用来提高污染物的生物降解速率。外源微生物可以是一种高效降解菌或者几种菌种的混合,最好直接从需要修复的污染场地中进行筛选得到,这样可以更快地适应受污染区域的各种环境因素。

针对第二个问题,可利用生物刺激技术(Biostimulation),通过外加电子受体、供氧体或基质来为土著微生物创造更好的生存条件,从而显著提高生物活性,促进难降解有机污染物的生物降解。刘虹等通过室内模拟研究得出,添加激活剂后经过 10 ~ 30 d 的修复,降解石油烃的土著微生物的量由原来的 4.78×105 细胞/g 增加到 3.72×105 ~ 5.71×105 细胞/g,30 d 后对石油烃的降解率达 86.27%,而未加激活剂的土著微生物的降解率只有 10% 左右,修复效果明显。

乔俊等在实验条件下给含油量为 84 600 mg/kg 的污染土壤中添加营养助剂,结果表明:添加营养助剂后,污染土壤中总异养菌数量高于对照组 1 ~ 2 个数量级,说明调节 C/N 比能够刺激土著微生物的迅速增长;且投加营养助剂后污染土壤中的微生物脱氢酶活性相较对照组提高了 3 ~ 4 倍,最终能够在经过 60 d 的修复后使对石油烃的降解率高于对照组约 28%,达到 31.3% ~ 39.5%。对于很多人造化合物,自然界中的微生物尚不能以它们作为单独碳源,也使得受人造有机化合物污染的土壤修复效果不好,但是由于微生物能够通过共代谢机制利用这类物质,雷梅等采用三种不用类型的碳源组成三种不同的有机修复剂添加到受有机氯工业污染场地的土壤中进行微生物降解实验。实验结果表明,添加有机修复剂能够显著促进对 HCHs 和 DDTs 的降解。与未添加修复剂的对照组相比较,∑HCH 和∑DDT 的降解分别能够提高 19% ~52% 和 39% ~45%,90 d 内∑HCH 的降解率最高可达81%,30 d 内∑DDT 降解率最高可达51%。杨婷等分别在泥浆反应器中投加发酵牛粪和造纸干粉,实验结果发现投加这两种有机废弃物增加了土壤中多环芳烃(PAHs)降解菌的数量,促进了 PAHs 的降解,反应器总土壤 PAHs 的月降解率提高到对照组处理效果的 2 倍,分别达到 37% 和 35%,对于 4 ~6 环 PAHs 降解率的提高效果尤其明显,从对照组的 7% ~13% 提高到 21% ~28%。

对于传统微生物修复技术所存在的问题,除了上述的生物强化和生物刺激外,又发展出了固定化微生物修复技术。固定化微生物修复技术是指利用化学或物理的方法,将游离的微生物(细胞或酶)固定在限定的空间区域内,使其保持活性并能反复使用,将固定后的微生物投入污染环境中进行修复的技术。因能保障功能微生物在农田土壤条件下种群与数量的稳定性和显著提高修复效果而受到青睐。固定化微生物修复技术具有以下优点:(1)提高微生物反应的浓度;(2)过程易控制;(3)耐环境冲击性增强,保护微生物免受污染物毒性的侵害;(4)不会造成菌体流失;(5)可降低二次污染。

范玉超等采用竹炭固定化技术研究了固定化微生物对土壤中阿特拉津的降解,砂姜黑土培养 28 d 后,自然降解和投加游离菌的土壤中的阿特拉津的残留率分别为 68.52% 和 58.50%,而投加竹炭固定化微生物的残留率降低到 50% 左右,效果明显。王新等分别采用物理包埋和化学包埋法对酵母菌进行固定化,酵母菌经过包埋后增加了载体内部菌的密度,经过 96 h 后发现两种包埋方法所制得的混合固定化酵母菌对苯并(a) 芘 BaP 的降解率都明显高于游离菌,且物理包埋法效果好于化学包埋法,分别为 40.65% 和 36.31%,说明物理法更适合对酵母菌进行固定化包埋。刘春爽等利用草炭土来对筛选出来的石油降解菌进行固定并用于石油污染土壤的修复,经过 30 d 后,未投加降解菌,投加游离降解菌和固定化降解菌的石油烃降解率分别为 12.3%、24.3% 和 28.4%,经过固定化的降解菌的修复效果明显好于游离菌;且经过分析知道草炭土所吸附的石油烃含量仅占去除量的 0.5% ~0.8%,说明了污染土壤中石油的去除主要是微生物作用的结果。汪玉等采用黏土矿物材料蒙脱石和纳米蒙脱石为载体,采用吸附挂膜法对筛选出的阿特拉津降解菌株进行固定化处理,并用于降解土壤中的阿特拉津。实验结果表明,接种降解菌能显著加快阿特拉津在土壤中的降解速率,固定化的降解菌比游离菌能够取得更好的效果,且纳米蒙脱石固定化微生物的降解效果要好于原蒙脱石材料。阿特拉津在红壤、砂姜黑土、黄褐土中的自然降解半衰期分别为 36.9、49.1、55.0 d,投加游离菌和纳米蒙脱石固定化降解菌后的半衰期分别为 28.1、35.9、36.3 d 和 16.3、25.3、21.7 d。

7.2.2.3 植物-微生物联合修复

在大量研究植物吸收/积累土壤中有机污染物的基础上,人们对植物修复的认识不断得到深化,在研究中不再仅仅局限于对超积累植物的筛选和植物自身的吸收转化作用,越来越多的研究者开始关注植物-微生物联合修复作用,也即根际修复,它是在自然条件下或人工引进外源微生物条件下通过微生物直接参与降解污染物质或促进植物生长(也有研究认为是由于植物根的分泌物促进微生物的数量和活性）来强化植物修复的一种修复技术。

Kevin E 等利用 5 种北美本地树种研究树在修复 PAHs 污染土壤中的作用，研究发现 PAHs 的消失和微生物的矿化作用不受植树的影响，分析认为土壤中大量 PAHs 快速消失很有可能是由于高生物可利用性和微生物活性的作用，而所植树种本身对 PAHs 减少并没有明显作用。

安凤春等在比较 10 种植物对 DDT 的降解中发现某些植物对 DDT 的积累虽然低于其他植物，但是实验结束时土壤中 DDT 残留量和 DDT 总的去除率却高于那些植物，通过分析 DDT 及其主要降解产物在草/土壤系统中的质量平衡，作者认为在去除土壤中 DDT 及其主要降解产物的作用上，草的吸收是轻微的，只占原施药量的 0.13% ~1.08%，23.95% ~71.94% 的 DDT 及其主要降解产物从土壤中消失，分析认为这部分可能是由于土壤中微生物的降解作用。刘魏魏等在温室盆栽实验中，通过种植紫花苜蓿单独或联合接种菌根真菌（Glomus Caledonium）（AM）和多环芳烃专性降解菌（DB），研究了利用植物-微生物联合修复多环芳烃（PAHs）长期污染土壤的效果。研究发现接种微生物能够促进土壤中 PAHs 的降解和降低其对紫花苜蓿的毒害；接种菌根真菌和 PAHs 专性降解菌能明显促进土壤 PAHs 含量的降低；且当两者联合处理时存在交互作用，处理效率高于单独处理效果。滕应等在研究多氯联苯（PCBs）污染土壤菌根真菌-紫花苜蓿-根瘤菌联合修复效应中也发现对宿主植物紫花苜蓿进行菌根真菌和根瘤菌双接种，其修复效果明显大于单接种的效果；同时也发现联合修复作用效果还与土壤污染程度有关。

7.2.2.4　物理化学修复

1. 土壤气相抽提（Soil Vapor Extraction，SVE）和生物通风（Bio-venting，BV）

SVE 技术是一种通过强制新鲜空气流经污染区域，利用真空泵产生负压，空气流经污染区域时，解吸并夹带土壤孔隙中的 VOCs 经由抽取井流回地上；抽取出的气体在地上经过活性炭吸附法以及生物处理法等净化处理，可排放到大气或重新注入地下循环使用。整个运行过程如图 7.1 所示。

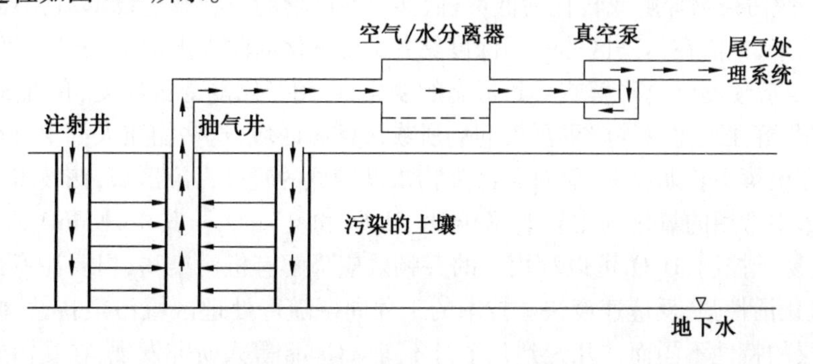

图 7.1　SVE 操作系统示意图

BV 是在 SVE 基础上发展起来的，实际上是一种生物增强式 SVE 技术。它们都是用于去除不饱和区有机污染物的土壤原位修复方法，但两者也存在一定的不同。第一，系统结构和设计目的上有很大不同。SVE 是将注射井和抽提井放在被污染区域的中心，在 BV

系统中注射井和抽提井放在被污染区域的边缘效果会更好；此外，SVE 的目的是在修复过程中使空气抽提速率尽可能达到最大，主要用于去除土壤中的挥发性有机污染物，而 BV 的目的是通过优化氧气传送和使用效率从而给污染场所的原位生物创造更佳的好氧条件，其实质是微生物修复。因此，BV 使用相对较低的空气速率，以使气体在土壤中的停留时间增长，从而促进微生物降解有机污染物。第二，两者的使用情况也有所不同。SVE 主要用于含挥发性有机污染物的点源污染类型场所，如汽油储罐泄漏的情况，且具有前期去除污染速率快，后期去除效率迅速降低的特点；而 BV 既可应用于含挥发性有机污染物，也可应用于含半挥发性和不挥发性有机污染物的点源和面源污染场所。

2. 空气喷射(Air Sparging，AS)

AS 是去除饱和区有机污染物的土壤原位修复技术，它主要是通过将新鲜空气喷射进饱和区土壤中，产生的悬浮羽状体逐步向原始水位上升，从而达到去除潜水位以下的地下水中溶解的有机污染物的目的。喷射进入含水层的空气能提供氧气来支持生物降解，也能将挥发性污染物从地下水转移到不饱和区，在那里再用 SVE 或 BV 法进行处理。

3. 土壤冲洗技术

土壤冲洗技术是指在水压的作用下，将水或含有助溶剂的水溶液直接引入被污染土层，或注入地下水使地下水位上升至受污染土层，使污染物从土壤中分离出来，最终形成迁移态化合物。该技术所需的运行和维护周期一般要 4—9 个月，能够用于处理地下水位线以上和饱和区的吸附态污染物，包括易挥发卤代有机物及非卤代有机物。冲洗液通常在污染区域的上游注入，而溶有污染物的废液在下游通过抽提井抽出，并通过收集系统收集后排入废水处理子系统做进一步处理。该技术一般要求处理土壤具有较高的渗透性，质地较细的土壤(如红壤、黄壤等)由于对污染物的吸附作用较强，需经过多次冲洗才能达到较好的效果。

4. 原位化学氧化还原修复技术

原位化学氧化还原修复技术主要是通过掺进土壤中的化学氧化剂与污染物所产生的氧化反应，使污染物降解或转化为低毒、低移动性产物的一项修复技术，它不需将受污染土壤挖掘出来，只需在污染区的不同深度钻井，将氧化剂注入土壤中，通过氧化剂与污染物的混合、反应使污染物降解或导致形态的变化，可用于修复受石油类、有机溶剂、多环芳烃、农药及非溶性氯化物等严重污染的场所或污染源区域，这些物质大都很难被微生物降解从而能在土壤中长期存在，而对于污染物浓度较低的轻度污染区域，该技术并不经济。

该技术中常用的氧化剂主要有 $KMnO_4$、H_2O_2 和臭氧 O_3。其中，$KMnO_4$ 环境风险小，物质稳定，易于控制；H_2O_2 可以利用它的芬顿效应降解有机污染物，但要注意药剂的失效问题；O_3 氧化活性强，反应速度快。技术的工程周期随待处理区域污染特性、修复目标及地下含水层的特性不同而在几天到几个月不等。Gates 等人研究发现，在受污染土壤中投加 20 g $KMnO_4$/kg 土壤时，TCE 和 PCE 的降解率分别可达到 100% 和 90%。Day 研究发现当受污染土壤中苯含量为 100 mg/kg 时，通入臭氧量为 500 mg/kg 土壤时，苯的去除率可以达到 81%。

而化学还原修复技术是将污染物还原为难溶态，从而使污染物在土壤环境中的迁移性和生物可利用性降低，主要用于处理污染范围较大的水污染羽（Contaminant Plume），工程周期一般在几天至几个月不等。在修复有机污染土壤中常用的还原剂包括：SO_2（一些氯化溶剂）、FeO 胶体（脱除很多氯化溶剂中的氯离子）。

5. 原位加热修复技术

污染土壤的原位加热修复即热力强化蒸汽抽提技术，是指利用热传导（如热井和热墙）或辐射（微波加热）的方式加热土壤，以促进半挥发性有机物的挥发，从而实现对污染土壤的修复，包括高温（>100 ℃）和低温（<100 ℃）两种技术类型。该技术主要用于处理卤代有机物、非卤代的半挥发性有机物、多氯联苯（PCBs）以及高浓度的疏水性液体等污染物，一般需 3 到 6 个月完成修复，在使用该技术时需严格设计并操作加热和蒸汽收集系统，防止产生二次污染。

7.3　有机物污染土壤的异位修复

7.3.1　异位生物修复机理

当原位修复方法难以有效满足环境要求时，异位生物修复技术成为重要的选择。异位生物修复指将被污染的土壤挖出，移离原地，并在异地用生物及工程手段使污染物降解。它可保证生物降解的较理想条件，对污染土壤处理效果好，还可防止污染物转移，被视为一项具有广阔应用前景的处理技术。常用的异位生物修复主要包括堆肥化、挖掘堆置处理、生物反应器，其主要成本情况如表 7.2 所示。

表 7.2　土壤异位生物修复案例成本分析

处理方法	污染物类型	成本/（$ · m^{-3}）
条垛式堆肥	三硝基甲苯（TNT） 环三亚甲基三硝胺（RDX）	563
静态堆肥	石油烃类	33.75
生物堆（通风式堆体）	石油烃类	$88/t
序批式生物泥浆反应器	苯系物和汽油	250
预制床法	五氯苯酚、多环芳烃和二噁英	201
生物泥浆法	五氯苯酚	398
生物泥浆法	多环芳烃	238—250

7.3.2　异位修复技术

1. 生物堆法

生物堆法是一种用于修复处理受到有机污染的土壤的异位处理方法，通常是将受污染的土壤挖掘出来集中堆置，并结合多种强化措施采用生物强化技术直接添加外源高效降解微生物、补充水分、氧气和营养物质等,为堆体中微生物创造适宜的生存环境,从而提高对污染物的去除效率,这个过程中也存在挥发性有机污染物的挥发损失。生物堆法常用于处理污染物浓度高、分解难度大、污染物易迁移等污染修复项目。由于它对土壤的结构和肥力有利,限制污染物的扩散,所以生物堆法已经成为目前处理有机污染最为重要的方法之一。

2. 堆肥化

作为传统的处理固体废弃物的方法——堆肥技术,同样可以应用于受石油、洗涤剂、卤代烃、农药等污染土壤的修复处理,并可以取得快速、经济、有效的处理效果。堆肥法工程应用方式可分为风道式、好氧静态式和机械式,它是通过在移离的土壤中直接掺入能够提高处理效果的支撑材料,如树枝、稻草、粪肥、泥炭等易堆腐物质,然后通过机械或压气系统充氧,同时添加石灰等调节 pH 稳定。经过一段时间的堆肥发酵处理就能将大部分的污染物降解,消除污染后的土壤可返回原地或用于农业生产。姜昌亮等以鸡粪为肥料,稻壳、麦麸等为膨松剂,采用从污染土壤中筛选出来的优势降解真菌为菌剂,采用长料堆式对辽河油田石油污染土壤处理取得理想效果,当每 100 g 污染土壤中 TPH 含量为 4.16 ~ 7.72 g时,经过 53 d 的处理,降解率达到 45.19% ~ 56.74%。

3. 生物反应器

生物反应器处理法类似于污水生物处理法,它是将挖掘出来的受污染土壤与水混合后置于反应器内,并接种微生物。处理后,土壤-水混合液固液分离后土壤再运回原地,而分离液根据其水质情况直接排放或送至污水处理厂进一步处理。

生物反应器处理法的一个主要特征是以水相为介质,也正因此使其和其他处理方法相比较具有很多优点,如传质效果好、环境营养条件易于控制、对环境变化适应性强等,但是其工程复杂、费用高。

4. 土壤淋洗修复技术

土壤淋洗的作用机制在于利用淋洗液或化学助剂与土壤中的污染物结合,并通过淋洗液的解吸、螯合、溶解或固定等化学作用,达到修复污染土壤的目的。主要通过以下两种方式去除污染物:①以淋洗液溶解液相或气相污染物;②利用冲洗水力带走土壤孔隙中或吸附于土壤中的污染物。

源于采矿与选矿的原理,通过物理与化学方式从土壤中分离污染物。美国联邦修复技术圆桌组织(FRTR,2002b) 推荐的异位土壤淋洗技术流程主要包括如下步骤:①污染土壤的挖掘;②土壤颗粒筛分,即剔除杂物如垃圾、有机残体、玻璃碎片等,并将粒径过大的砾石移除, 以免损害淋洗设备;③淋洗处理,在一定的土液比下将污染土壤与淋洗液混合搅拌,待淋洗液将土壤污染物萃取出后,静置,进行固液分离;④淋洗废液处理, 含有悬浮颗粒的淋洗废液经过污染物的处置后,可再次用于淋洗步骤中;⑤挥发性气体处理,在淋洗过程中产生的挥发性气体经处理后可达标排放;⑥淋洗后土壤的处置, 淋洗后的土壤如符合控制标准,则可以进行回填或安全利用,淋洗废液处理过程中产生的污泥经脱水后可再进行淋洗或送至终处置场处理。异位土壤淋洗修复技术适用于土壤黏粒含量低于 25%,被重金属、放射性核素、石油烃类、挥发性有机物、多氯联苯和多环芳烃等污染的土壤。

参考文献

[1] 张绍良,张黎明,侯湖平,等. 生态自然修复及其研究综述[J]. 干旱区资源与环境,2017,31(1):75-81.
[2] LI Yaoyao, YU Luji, YU Xiaoyan, et al. Health evaluation and repairing mode on river ecosystem of Huaihe River Basin (Henan section) [J]. Environmental science & technology, 2016, 39(7):185-192.
[3] 段丽军. 河岸带生态功能研究综述[J]. 华北国土资源,2015, 2:128-135.
[4] 徐菲,王永刚,张楠, 等. 河流生态系统修复相关研究进展[J]. 生态环境学报,2014, 23(3): 515-520.
[5] QIN Zhenjun, YU Kefu, WANG Yinghui. Review on ecological restoration theories and practices of coral reefs[J]. Tropical geography,2016, 36(1):80-86.
[6] 白军红,欧阳华,王庆改,等. 大规模排水前后若尔盖高原湿地景观格局特征变化[J]. 农业工程学报,2009,25(增刊1):64-68.
[7] 庄家尧, 张波, 苏继申, 等. 城市土壤重金属污染与植物修复技术研究进展[J]. 林业科技开发, 2009, 23(4): 6-12.
[8] 高岩, 骆永明. 蚯蚓对土壤污染的指示作用及其强化修复的潜力[J]. 土壤学报, 2005, 42(1): 140-148.
[9] 周启星. 土壤环境污染化学与化学修复研究最新进展[J]. 环境化学, 2006, 3: 314-352.
[10] 杨秋红, 吕航, 宋倩, 等. 土壤污染的生物修复技术及其研究进展[J]. 资源开发与市场, 2009, 25(8): 736-740.
[11] 梅祖明, 袁平凡, 殷婷, 等. 土壤污染修复技术探讨[J]. 上海地质, 2010 (B11): 128-132.
[12] 顾红, 李建东, 赵煊赫. 土壤重金属污染防治技术研究进展[J]. 中国农学通报, 2005, 21(8): 397-408.
[13] 徐静圆, 戈振扬, 贺勇. 微生物-土壤污染生态学研究综述[J]. 安徽农业科学, 2007, 35(31): 10033-10034,10039.
[14] 王文兴, 童莉, 海热提. 土壤污染物来源及前沿问题[J]. 生态环境, 2005, 14(1): 1-5.
[15] 李东伟,尹光志,焦斌权. 重金属污染土壤(渣场)环境危害及综合防治技术[M]. 北京:科学出版社,2012.
[16] 林凡华,陈海博,白军. 土壤环境中重金属污染危害的研究[J]. 环境科学与管理, 2007,32(7):173-212.
[17] 韩春梅,王林山,巩宗强,等. 土壤中重金属形态分析及其环境学意义[J]. 生态学杂志,2005,24(12): 1499-1502.

[18] SINGH A K, BENERJEE D K. Grain size and geochemical partitioning of heavy metals in sediments of the Damodar River Atributary of the lower Ganga, India [J]. Environmental geography,1999, 39(1):91-98.

[19] 杨宏伟,王明仕,徐爱菊,等. 黄河(清水河段)沉积物中锰、钴、镍的化学形态研究[J]. 环境科学研究, 2001,14(5): 20-22.

[20] WIESE S B O, MACLEOD C L, LESTER J N. A recent history of metal accumulation in the sediments of the Thames Estuary, United Kingdom [J]. Estuaries, 1997, 20(3): 483-493.

[21] 李宇庆,陈玲,仇雁翎,等. 上海化学工业区土壤重金属元素形态分析[J]. 生态环境,2004, 13(2) : 154-155.

[22] PRESLEY B J, TREFRY J H. Heavy metal inputs to Mississippi delta sediments, a historical view [J]. Water air soil poll,1980,13:481-494.

[23] 王海峰,赵保卫,徐瑾,等. 重金属污染土壤修复技术及其研究进展[J]. 环境科学与管理,2012,34(11): 164-193.

[24] 熊璇,唐浩,黄沈发,等. 重金属污染土壤植物修复强化技术研究进展[J]. 环境科学与技术,2012,35(61):185-193.

[25] 刘刊,王波,权俊娇,等. 土壤重金属污染修复研究进展[J]. 北方园艺,2012(22): 189-194.

[26] 孙铁珩,李培军,周启星,等. 土壤污染形成机理与修复技术[M]. 北京:科学出版社,2005:210-211,217.

[27] 黄占斌,焦海华. 土壤重金属污染及其修复技术[J]. 自然志,2012,34(12):350-354.

[28] 杨苏才,南忠仁,曾静静. 土壤重金属污染现状与治理途径研究进展[J]. 安徽农业科学,2006,34(3):549-552.

[29] 周泽庆,招启柏,朱卫星,等. 重金属污染土壤改良剂原位修复研究进展[J]. 安徽农业科学,2009,37(11):5100-5102.

[30] 王旭,张豪,张松林,等. 土壤重金属污染及修复技术的研究进展[J]. 甘肃农业,2011,(3):60-62.

[31] 何益波,李立清,曾清如. 重金属污染土壤修复技术的进展[J]. 广州环境科学,2006,21(4):21-26.

[32] 李丙法,刘洋. 重金属污染土壤的修复技术研究[J]. 科技信息,2012,1:78-92.

[33] 王海峰, 赵保卫, 徐瑾,等. 重金属污染土壤修复技术及其研究进展[J]. 环境科学与管理,2009,34(11):15-20.

[34] 孙鹏轩. 土壤重金属污染修复技术及其研究进展[J]. 环境保护与循环经济,2012(3):51-74.

[35] 陈亚刚,陈雪梅,张玉刚,等. 微生物抗重金属的生理机制[J]. 生物技术通报,2009,10:60-65.

[36] 何启贤. 重金属污染土壤修复技术述评[J]. 广州化工,2012,40(22):44-46.

[37] 李文一,徐卫红,李仰锐,等. 重金属污染土壤植物修复机理研究[J]. 广东农业科

学,2006,4:79-81.
[38] 杨肖娥,龙新宪,倪吾钟. 超积累植物吸收重金属的生理及分子机制[J]. 植物营养与肥料学报, 2002, 8(1) : 8-15.
[39] 陈英旭. 土壤重金属的植物污染化学[M]. 北京:科学出版社,2008.
[40] ITO R, ITO S, et al. Azuki bean cells are hypersesitive to cadmium and do not synthesize phytochelatins [J]. Plant physiol, 2000, 123: 1029- 1036.
[41] 安志装, 王校常, 严蔚东,等. 植物螯合肽及其在重金属胁迫下的适应机制[J]. 植物生理学通讯, 2001(37):463- 467.
[42] 彭少麟,杜卫兵,李志安. 不同生态型植物对重金属的积累及耐性研究进展[J]. 吉首大学学报(自然科学版),2004, 25(4) : 19- 26.
[43] 滕应,黄昌勇. 重金属污染土壤的微生物生态效应及其修复研究进展[J]. 土壤与环境, 2002, 11 (1): 85-89.
[44] 滕应,骆永明,李振高. 污染土壤的微生物修复原理与技术进展[J]. 土壤, 2007, 39 (4): 497-502.
[45] 王敏,徐甜甜,李强,等. 重金属污染土壤的微生物修复机理与技术[J]. 唐山学院学报,2011,24(3):43-45.
[46] DOPSON M, LINDSTROM E B. Potential role of Thiobacillus caldus in arsenopyrite bioleaching [J]. Appl environ microbiol,1999,65:36-40.
[47] 范拴喜. 土壤重金属污染与控制[M]. 北京:中国环境科学出版社,2011.
[48] ZHOU Jianmin, DANG Zhi, CAI Meifang, et al. Soil heavy metal pollution around the Dabaoshan mine, Guangdong Province, China [J]. Elsevier besloten vennootschap, 2007,17(5): 588-594.
[49] 亢希然,范稚莲,莫良玉,等. 超积累植物的研究进展[J]. 安徽农业科学,2007,35 (16):4895-4897.
[50] 李东旭,文雅. 超积累植物在重金属污染土壤修复中的应用[J]. 科技情报开发与经济,2011,21(1):177-181.
[51] 罗青龙,任珺,陶玲,等. 重金属超积累植物的研究进展[J]. 能源与环境,2008(5): 15-23.
[52] 韩照祥. 植物修复污染水体和土壤的研究进展[J]. 水资源保护,2007,23(1):9-12,21.
[53] Wei C Y, Chen T B. Hyperaccumulators and phytoremediation of heavy metal contaminated soil: a review of studies in China and abroad[J]. Act an ecologica sinica, 2001, 21(7):1196-1203.
[54] 张学洪,罗亚平,黄海涛,等. 一种新发现的湿生铬超积累植物李氏禾 [J]. 生态学报, 2006, 26(3):950-954.
[55] Zhao Z B, Hua Y Y, Liu B. How to secure triacylglycerol upply for Chinese biodiesel industry[J]. China biotechnol,2005,25: 1 -6.
[56] 金勇,付庆灵,郑进,等. 超积累植物修复铜污染土壤的研究现状[J]. 中国农业科技

导报,2012,14(4) : 93 -100.

[57] 王红新. 超积累植物在治理重金属污染土壤中的研究进展[J]. 资源与环境,2010,26(10):1031-1033.

[58] 汤叶涛,仇荣亮,曾晓雯,等. 一种新的多金属超积累植物圆锥南芥[J]. 中山大学学报, 2005, 44(4):135-136.

[59] 何兰兰,角媛梅,王李鸿,等. Pb、Zn、Cu、Cd 的超积累植物研究进展[J]. 环境科学与技术,2009,32(11):120-123.

[60] ARQUES A, RANGEL A, CASTRO P M L. Remediation of heavy metal contaminated soils: phytoremediation as a potentially promising clean-uptechnology [J]. Critical reviews in environmental science and technology, 2009, 39:622-654.

[61] NOURI J ,KHORASANI N,LORESTANI B, et al. Accumulation of heavy metals in soil and uptake by plant species with phytoremediation potential [J]. Environmental earth sciences,2009, 59: 315 - 323.

[62] 郝汉舟. 重金属污染土壤稳定/固化修复技术研究进展[J]. 应用生态学报,2011,22(3) : 816 -824.

[63] GLASSER F P. Fundamental aspect of cement solidification and stabilization[J]. Journal of Hazardous Materials,1997,52: 151 -170.

[64] CHEN Q Y, TYRER M, HILLS C D, et al. Immobilisation of heavy metal in cement-based solidification / stabilisation: A review [J]. Waste management, 2009, 29: 390 -401.

[65] 周东美,邓昌芬. 重金属污染土壤的电动修复技术研究进展[J]. 农业环境科学学报,2003,22(4):505-508.

[66] PAGE M M, PAGE C L. Electroremediation of contaminated soils [J]. Journal of environmental engineering, 2002, 128 (3): 208-219.

[67] 王慧,马建伟,范向宇,等. 重金属污染土壤的电动原位修复技术研究[J]. 生态环境,2007, 16(1): 223-227.

[68] AZZAM R, OEY W. The utilization of electrokinetics in geotechnical and environmental engineering [J]. Transport in porous media, 2001, 42: 293-341.

[69] 陈锋,王业耀,孟凡生. 重金属污染土壤和地下水电动修复技术研究[J]. 中国资源综合利用,2008,2:78-96.

[70] 崔艳红, 朱雪梅, 郭丽青, 等. 天津污灌区土壤中多环芳烃的提取、净化和测定[J]. 环境化学, 2002, 21(4): 392-396.

[71] 王校常, 施卫明, 曹志洪. 重金属的植物修复——绿色清洁的污染治理技术[J]. 核农学报, 2000, 14(5): 315-320.

[72] 杨柳春, 郑明辉, 刘文彬, 等. 有机物污染环境的植物修复研究进展[J]. 环境污染治理技术与设备, 2002, 3(6): 1-7.

[73] 陈刚才, 甘露, 万国江. 土壤有机物污染及其治理技术[J]. 重庆环境科学, 2000, 22(2):158-171.

[74] 康苏花,左文涛. 植物修复技术在有机污染物修复中的应用研究[C]. 中国环境科学学会学术年会论文集,2012:2602-2608.
[75] 李璐, 刘梅, 赵景联, 等. 微生物法修复陕北油田污染土壤的研究现状与展望[J]. 土壤通报, 2011, 42(4): 1010-1014.
[76] 李铁, 李晶, 胡洪营, 等. 难降解有机物污染底质原位修复技术研究进展[J]. 生态环境, 2008, 17(6): 2482-2487.
[77] 李朝廷, 李建洲, 雷继雨. 微生物技术修复有机污染场地的工程化应用[J]. 环境科技, 2012, 25(1): 56-60.
[78] 乔俊, 陈威, 张承东. 添加不同营养助剂对石油污染土壤生物修复的影响[J]. 环境化学, 2010, 29(1): 6-11.
[79] 雷梅, 梁琪, 杨苏才, 等. 碳源对工业污染场地土壤中 HCHs 和 DDTs 降解的促进作用[J]. 环境科学学报, 2012, 32(2):15-18.
[80] 杨婷, 胡君利, 王一明, 等. 发酵牛粪和造纸干粉对土壤中多环芳烃降解的影响[J]. 生态环境学报, 2009, 18(6): 2161-2165.
[81] 范玉超, 刘文文, 司友斌, 等. 竹炭固定化微生物对土壤中阿特拉津的降解研究[J]. 土壤, 2011, 43(6): 954-960.
[82] 王新, 李培军, 巩宗强. 混合固定化酵母菌对苯并（a）芘污染土壤的修复 [J]. 环境污染与防治, 2008, 30(1): 1-3.
[83] 刘春爽, 赵东风, 国亚东, 等. 固定化微生物修复石油污染土壤特性试验[J]. 油气田环境保护, 2012, 22(3): 18-21.
[84] 汪玉, 王磊, 司友斌, 等. 黏土矿物固定化微生物对土壤中阿特拉津的降解研究[J]. 农业环境科学学报, 2009, 28(011): 2401-2406.
[85] 安凤春,莫汉宏. DDT 污染土壤的植物修复技术[J]. 环境污染治理技术与设备, 2002,3(7):38-42.
[86] 刘魏巍,尹睿. 多环芳烃污染土壤的植物-微生物联合修复初探[J]. 土壤,2010,42(5): 800-806.
[87] 滕应,骆永明. 多氯联苯污染土壤菌根真菌-紫花苜蓿-根瘤菌联合修复效应[J]. 环境科学,2008,29(10):11-19.
[88] 卢丽丽. 石油污染土壤的植物修复研究[D]. 西安:西安建筑科技大学, 2008.
[89] 隋红, 李鑫钢, 黄国强, 等. 土壤有机污染的原位修复技术[J]. 环境污染治理技术与设备, 2003, 4(8): 41-45.
[90] GATES D D, SIEGRIST R L, CLINE S R. Chemical oxidation of volatile and semi-volatile organic compounds in soil [R]. Oak ridge national lab., TN (United States), 1995.
[91] 姜昌亮, 孙铁珩, 李培军, 等. 石油污染土壤长料堆式异位生物修复技术研究[J]. 应用生态学报, 2001, 12(2): 279-282.
[92] 王翔, 王世杰, 张玉, 等. 生物堆修复石油污染土壤的研究进展[J]. 环境科学与技术, 2012, 35(6):35-41.

[93] 李朝廷, 李建洲, 雷继雨. 微生物技术修复有机污染场地的工程化应用[J]. 环境科技, 2012, 25(1): 56-60.
[94] 任南琪. 污染控制微生物学[M]. 哈尔滨:哈尔滨工业大学出版社, 2002.
[95] 李玉双, 胡晓钧, 孙铁珩, 等. 污染土壤淋洗修复技术研究进展[J]. 生态学杂志, 2011, 30(3): 596-602.

名词索引

C

D

G

H

K

L

P

Q

S

T

X

Y

Z